吴裕泰私汪茶经

毛克起 著

北京日报报业集团

同心出版社

U0286603

图书在版编目（ＣＩＰ）数据

吴裕泰新注茶经 / 毛克起著.

北京：同心出版社，2014.12

ISBN 978−7−5477−1366−2

Ⅰ.①吴… Ⅱ.①毛… Ⅲ.①茶叶−文化−中国 Ⅳ.①TS971

中国版本图书馆CIP数据核字(2014)第260520号

吴裕泰新注茶经

出版发行	同心出版社	
地　　址	北京市东城区东单三条8-16号东方广场东配楼四层	
邮　　编	100005	
电　　话	发行部：(010)65255876	
	总编室：(010)65252135-8043	
网　　址	www.beijingtongxin.com	
印　　刷	河北鑫宏源印刷包装有限责任公司	
经　　销	各地新华书店	
版　　次	2015年4月第1版	
	2015年4月第1次印刷	
开　　本	700毫米×1000毫米　1/16	
印　　张	11.5	
字　　数	150千字	
定　　价	46.00元	

序 1

中国茶叶流通协会常务副会长：

作为拥有百年历史、享誉国内外的中华老字号吴裕泰茶庄，历经风霜雪雨，在中国茶文化发展的历史画面里，坚持"好茶为您，始终如一"的企业理念，以"振兴中国茶行业，弘扬中国茶文化"为使命，是北京商业的一面镜子，也是北京人生活中不可或缺的内容之一。尤其是老北京人，有的家庭几代人都喝吴裕泰的茶叶；有的顾客离开了京城，仍坚持邮购吴裕泰茶庄的茶叶。真可谓"半生喝茶，一世情缘"。在清朝末年的1887年，一个安徽人不远千里来到北京经营茶叶生意，创建了吴裕泰品牌。一百多年过去了，吴裕泰已经从一个小茶摊，变成了中国茶叶界的知名企业。特别是吴裕泰的茉莉花茶，香气鲜灵持久，滋味醇厚回甘，在老百姓当中具有非常高的认知度。

中国是茶叶的故乡，经过数千年的发展，中国茶完成了从鲜叶咀嚼到煮茶再到泡茶的华丽转身，形成了别具一格的饮茶方式，并由此诞生了博大精深的中国茶文化。一片小小的茶叶，平凡中蕴含神奇，品味中体现文化，既适合下里巴人，又迎合阳春白雪，古往今来，茶叶在人们的日常生活中扮演着不可或缺的重要角色。

中国的茶叶市场既古老又年轻，在激烈的竞争中蕴含着无限生机。现在，中国的茶园面积、产量已在世界拔得头筹，茶叶品质得到了世界各国饮茶爱好者的首肯。中国茶曾经在世界舞台上雄霸百年，如今，中国茶人正以新的姿态、新的思维奋力前行，书写更加辉煌的篇章，实现茶人的"中国梦"。希望吴裕泰这样的企业能够肩负起历史的责任，把中国的茶事业发扬光大，在行业内起到引领示范作用，为人们提供更加安全、更加优良的茶叶产品。

《吴裕泰新注茶经》是茶叶界又一朵盛开的茉莉花,它反映了吴裕泰掌门人孙丹威不辞辛苦,栉风沐雨,十几年如一日,走遍中国产茶地区,把一款又一款的好茶引进到吴裕泰,奉献给大家。这是一件很不容易的事情,也是值得我们学习的。本书集故事性、知识性和品牌塑造为一体,可以说,开卷有益,值得一读。

序 2

北京晚报高级记者 吴汾

有这样一句话:你努力了,未必成功,但你不努力,一定不会成功。

毫无疑问,老字号吴裕泰在做茶这件事上努力了,所以吴裕泰成功了。吴裕泰数百家门店,一年六个多亿的销售,这是经年累月无数次努力的结果。这努力是许多人的,不少和吴裕泰时下掌门人孙丹威同龄的女性,早已远离工作,回归家庭,或含饴弄孙,或打牌遛狗……而每天早上八点不到,只要不出差,孙丹威一定会穿戴优雅得体地出现在老北京四九城里的交道口吴裕泰总部的办公室里,带领着她的团队开始了一天远不止十个小时的工作。否则,她抑或是出差在外,或是在出差的路上。刚刚过去的这一年的工作台历上,依旧和过去的20余载一样,没有五一、没有中秋、除夕的阖家团圆,甚至没有周末。她的工作台历上的每一天,每一项工作都与茶有关。

星相学说:处女星座的人具有纯洁、善良、完美、做事一丝不苟的品质。也许,真的是这样。聪明、理性、完美、执着的人格,使孙丹威和她率领的年轻团队在20余年打造吴裕泰这块金字招牌的时日里尽心尽力,不遗余力。人们常说:高山出好茶。所以,为了遍寻好茶,一年四季,吴裕泰的研发团队不是在茶山上,就是在去往茶山的路上。

春天,清明尚未飘雨,苏州太湖之滨西山东山的碧螺春和杭州的狮峰龙井刚刚吐出嫩芽,他们便已起身南下,流连在茶园里、茶树旁,天乍暖,新春好茶就会带着采茶姑娘和炒茶师傅指尖的余温飞到北京茶客的茶室,在杯中舞动起来。夏日里,广西横县、四川犍为中国的"茉莉花之乡",天气最热的季节,也是茉莉花茶窨花最好的季节，茉莉花的行情就像当地的天气，早中晚三个温度，行情时时变化，孙丹威的心情随之起起落落，因为只有花好价低，才能不辜负老北京茶客们对吴裕泰香茗的感情和希望。秋风乍起，花好月圆，香气醉人的铁观音，滋味醇厚的武夷岩茶，鲜爽回韵的台湾乌龙，配雅致清新的吴裕泰茶月饼，是京城文人雅客中秋佳节的伴手礼。寒冬腊月，来自南国海岛的绿茶，滇红、祁红、川红、宁红、怀化黑茶、普洱陈茶，遍遍回甘，汤红茶暖。

有的人把品茶当做雅好，有人把它当成工作。工作和爱好可以合二为一的人无疑是幸福的，因为你可以在享受自己爱好的同时把工作完成了。只是孙丹威对茶的爱超出常人，在茶的世界里，工作成了她的唯一。作为北京茶界的翘楚，有着127年历史的吴裕泰当然忘不了自己的血管里流的是老北京的血，所以，在北京人喜欢品饮的茉莉花茶上的继承、发展和创新让业内人士刮目相看，让北京茶客惊喜并感动。

吴裕泰近年来的品牌拓展始终围绕着核心产品，结合市场新的需求进行产品种类的演变与推广，吴裕泰"大花茶"的概念也由此应运而生。"大花茶"战略的构想和实施，是希望以多种口味的花茶"笼络"年轻人。上世纪80年代，孙丹威就听恩师、吴裕泰第四代传人张文煜说过把北京西山的玫瑰拿来做玫瑰花茶。而早在上个世纪五六十年代，吴裕泰就制作过玫瑰花茶。利用吴裕泰的传统窨制技艺，挖掘、恢复花茶中的一些著名品种，运用吴裕泰特有的技艺开发新的花茶品类，让吴裕泰在花茶探寻的路上渐行渐远。

仁、义、礼、智、信，既是吴裕泰创始人百年前的经营理念，也是吴裕泰这家老字号多少年来从未疏离的座右铭。好茶始终如一，吴裕泰今后在寻觅好茶的路上，当然会不改其宗，且行且珍惜！

引言

在一个艳阳或阴霾的午后,当你泡上一杯香茗,漫不经心地翻开这本书时,你可知,为你这一杯香茗,吴裕泰已经兢兢业业在茶行耕耘了127年,而吴裕泰公司总经理孙丹威倾其一生的精华时光为吴裕泰公司找了近百种好茶。

中国茶人有句老话:茶叶学到老,茶名记不了。说的是中国地域广大,名山峻岭众多,许多好茶产自深山,外界不知其名,味道却不输已扬名的西湖龙井、碧螺春、黄山毛峰等少数名茶。吴裕泰公司一向秉承"制之惟恐不精,采之惟恐不尽"的宗旨为百姓找好茶做好茶,为了让消费者一年四季喝到当时当令质优物美价廉的新鲜好茶,孙丹威带领吴裕泰专业技术人员花了近20年的时间,走遍祖国南南北北无数茶区,从气候考察、土质检测到茶叶品质专业质检,一道道严把关,先后在浙江、云南、湖南、福建、海南、贵州、安徽等茶叶产地建立了自己的茶叶基地,聘请各方面茶叶专家,从茶叶源头保证茶叶质量。公司率先在茶叶企业中通过了质量、环境、食品安全和职业健康"四体系"认证,把茶叶质量控制贯穿于每道工序、每个环节。吴裕泰公司对产品质量一丝不苟,企业检测标准高于国家标准,使茶叶质量在同行业处于领先水平。

喝茶贵在一口鲜,可正月飘雪的日子还能喝上刚离枝头的鲜茶? 是的,吴裕泰公司总经理孙丹威为京城百姓献上了中国最早采摘的"华夏第一春茶"——海南绿茶。即便在好茶集中的春夏季,大多数爱喝绿茶的人,也会在已经被炒成天价,如雷贯耳却又鱼龙混杂真假难辨的西湖龙井、碧螺春、黄山毛峰面前深感囊中羞涩,踯躅不前,而今吴裕泰公司总经理孙丹威也为大家解了这个困局,献上藏在深山人未知的贵州绿茶、四川宜宾茶、翠谷幽兰,这些茶不仅品质上乘,而且价格适宜、保质保真,正可做普罗大众的杯中爱。好茶搜不尽,只怕有心人,出身显贵、格调高雅却已消失了很久的历史名茶顾渚紫笋,也是近几年被重新推向市场,正经历其第二次辉煌。

一个人,倾其一生的精华时光,只做了一件事——找茶做茶,只为你今天可以左拥右揽,遍饮祖国佳茗,她就是吴裕泰公司总经理孙丹威。多年来她跑过十多个省的几百处茶山,京城的茶叶行业如何从衰微到蓬勃发展一步步走到今天,她是亲历者和见证人。孙丹威呕心沥血找茶做茶将吴裕泰做强做精给京城百姓带来实惠,正是整个北京茶叶市场20年来发展的缩影。

《吴裕泰新注茶经》的"新"体现在四方面,一是"寻",本书恰如一次吴裕泰为消费者提供的寻茶之旅,字里行间体现着孙丹威多年所做的一件小事,吴裕泰年轻团队遍访国内茶园为消费者寻觅好茶的艰辛历程;二是"讲",《吴裕泰新注茶经》为引领,讲茶涉及方方面面,传统与现代、历史与现实、品饮与鉴赏、茶人茶事……洋洋洒洒,蔚为大观;三是"创",《吴裕泰新注茶经》介绍了吴裕泰多年来以茶为事业,以创新为己任,为消费者引进近百款全国各地名优好茶,有些茶名都是孙丹威创造的,如"18℃水仙"、"黄金一号"、"茉莉花魁"等,这不仅仅是茶名的创新,更是一种创造性的工作;四是"亲",《吴裕泰新注茶经》的文风质朴,笔法平实,不张扬,不做作,一个个小故事如朋友间茶馆叙谈,将茶人茶事娓娓道来,给人一种亲切自然之感。

吴裕泰有一个朴素的心愿:让每个读过这本书的人都能知道如何选好茶,如何喝到当时当令物美价廉的好茶。吴裕泰力图以这本书,让消费者学到最简单实用的选茶喝茶常识,改变"只买名气大的,不会选滋味好的"的现状,让消费者今后能"拒绝徒有其名的虚荣,直抵色香味形的真谛"。 当你读到这本《吴裕泰新注茶经》,掩卷深思时,相信手边的那杯香茗,会给你更多馨香和温暖。

目录

吴裕泰新注茶经

吴裕泰的前世今生

万里找茶图　　　　　　　　　　著名茶山画家赵乃璐/创作

　　老字号吴裕泰1887年创建于北京,距今已127年历史。创始人吴老太爷原籍安徽歙县,当年吴老太爷作为一位进京赶考举人的随从来到北京,落脚在当时市井商业繁华的北新桥一带。举人忙于应试,吴老太爷闲暇时便渐渐与周围百姓熟悉起来,为了感谢大家对他们的帮助,他把从安徽带来的一些茶叶分送给大家,没想到得到一致好评,大家还纷纷劝他摆个茶叶摊。细心的吴老太爷发现,北京人特别爱喝茶,无论贫富贵贱,有事没事都爱喝点儿。后来举人落榜,差遣吴老太爷回乡取些银钱,借此机会,他倾其所有带回了大量茶叶,在北新桥路东一个破落的大门洞里正式开始了茶叶生意。

吴老太爷过世后,其子辈成立了股份制机构"礼智信兄弟公司",由四子吴锡卿掌管。吴家生意日渐红火,后来买下了这个门洞修建成店铺门面,1887年正式悬匾开张,以仓储、运销、批售为主,门市零售为辅,名号"吴裕泰茶栈"。徽商善经营,史册共载,举世公认。徽州茶商经营得力,不仅秉承了儒商的诚实守信,还得益于徽州大地孕育了上等优质好茶。以公司的组织形式来管理企业,这在当时极为少见,正是得益于这种颇为先进的管理形式以及文明的经营作风,吴裕泰发展一帆风顺,并开始了最早的茶叶连锁尝试,在北京和天津两地开设了11家茶庄。公司的宗旨是"文明经商,以诚招客,货真价实,讲求信誉,合理图利,从不投机,遵纪守法,恪守商业道德"。这一始终不渝的宗旨,成为了吴裕泰的企业文化核心,奠定了其辉煌于世、百年卓立的基石。

凡江湖创立名号者,都有其举世不二的秘籍绝招,吴裕泰之所以能从一个茶叶摊发展成京城人离不开的百年老号,除了诚实经营、管理有方,还独有其拼茶秘方,正是这个独家秘方,拼制出口味独特深受北京人喜爱的那口茶。即便面对同样的各类茶叶货源,你家这样拼配,我家那样拼配,到了消费者口中,自然会喝出不同的口味。谁家的茶更对口味,消费者自然成了他家的忠实拥趸。在历史上吴裕泰茶庄的茶叶是从安徽、浙江、福建等茶叶产地直接进货,并派专人在福州、苏州等地窨制茉莉花茶,经水陆运往京城,再拼成各种档次的茉莉花茶。吴裕泰茶庄自拼的花茶在北京城的东北域和远郊昌平等享有盛誉。上至达官显贵,下至布衣百姓,三教九流,或品茶或会友,壶里杯中都少不了吴裕泰茶庄的茶叶。

时间走到了1949年,轰轰烈烈的社会主义改造运动开始。1955年12月,吴裕泰茶栈被定为茶叶系统私营企业步入社会主义阵营的试点单位,告别了私营的历史。公私合营后，划归东城区副食品公司。20世纪60年代初，吴裕泰茶庄只剩下七八个人维持经营。1966年"文革"期间，吴裕泰茶庄改名红日茶店，"吴裕泰"三个字从人们视野里消失。1985年，在建店98周年之际，"吴裕泰茶庄"的老字号恢复。1994年春，茶庄进行翻扩建改造，扩建后的茶庄营业面积由过去的50平方米，增加到80平方米。1995年在茶庄旁开了"吴裕泰茶社"，吸引了社会各界人士。

在计划经济时期，吴裕泰也没能躲过时代潮流的卷裹，曾和其他各类商场一样，一度失去了自己的特色。尤其在上个世纪90年代前，无论是店铺的经营方式还是茶叶品质的选择模式，人们在店里看不出这家老字号的历史传承，京城仅剩一家吴裕泰茶庄。

1997年，借改革春风，吴裕泰茶叶公司正式成立时，总经理孙丹威面对的全部家当就是这前店后厂式的80平方米茶庄和60平方米的茶社。孙丹威高中毕业正赶上上山下乡，回城后进入北新桥菜市场，做过宣传做过团支书记、物价员，爱喝茶品茶，但远不是茶里行家，走马上任后，她做的第一件事就是提升吴裕泰茶叶品质，让老吴裕泰口味重新当家。孙丹威有一件事干得十分漂亮，这就是照料吴裕泰第四代传人张文煜。老爷子当时八十开外，退休后，怀揣绝技却无人问津。很快，退休后的张文煜老师傅被孙丹威重新请了出来。公司在那段时间悉心照料老人日常生活起居，经常开车把老人家从通州接到吴裕泰，听老人谈吴裕泰的历史、茶叶加工，讲茶论道。在张文煜的悉心传授下，之前就有些茶叶基础的孙丹威很快就上手，并且掌握了吴裕泰茉莉花茶的鉴别、窨制、拼配全套流程。更为重要的是，老爷子在临终前，将吴裕泰茉莉花茶窨制工艺、拼配配方的关键秘密传给了孙丹威。现在孙丹威是国家级非物质文化遗产项目茉莉花茶制作技艺代表性传承人。

孙丹威至今还清楚记得，当年张文煜老人无私的教她做茶、拼茶、辨茶、品茶时最爱和她念叨的一句话就是："好好学啊，我们老了，将来就要靠你们了。"这句话因为太过平常太过普通，孙丹威从来没有把这句话放在心上。直到那一天，张文煜老

先生在北京市第六医院去世前的一天,他把孙丹威叫到身边,拉着他的手,语重心长地对她说:"我不能把吴裕泰的茉莉花茶窨制拼配手艺带到坟墓里,吴裕泰的花茶拼配配方是……"多么厚重的托付,多么深远的期望,多么悠长的传承啊,孙丹威一下子感悟到了这平常话语里蕴藏的深意,也深深领会到了老一辈做茶人对茶的情感及文化延续的重托,对吴裕泰未来茶发展的期许。也就是从那天以后,她重新以一个学茶人的状态进入新角色,把传承与弘扬茶文化的历史重任当做自己事业的不二选择。

与此同时,恢复老字号吴裕泰往日的经营特色也成了她上任后的第二件事。他们印制了介绍吴裕泰历史、经营特色和茶叶相关知识的宣传页在北新桥店门口发放;远赴安徽,去吴裕泰创始人吴锡卿的家乡寻根。吴裕泰年轻人带着馒头坐上硬座火车,几十个小时的火车颠簸轰鸣,渴了喝点白开水,饿了啃口白馒头,来到福建闽东、闽北产茶区,走遍茶山,为吴裕泰公司寻找好茶,让茶农们知道北京有家做茶的老字号叫吴裕泰。1998年,孙丹威带着团队去广西横县查看督促花茶加工情况,在路上遇到了百年不见的大雨,走了十个小时到厂里已深夜两点。她简单吃口东西后,没给自己留会儿喘气儿的工夫,马上投入到紧张的工作中,一干就是一整夜。也许是命里与茶有缘,从20多岁开始与茶打交道,至今已近三十载。在她心目中,茶是诗,茶是词,茶是高洁大化之物,茶成为了她人生的支撑、茶已融入她的生命。对吴裕泰茶文化的传承与发展变成了她推卸不掉的责任和使命。

孙丹威从一点一滴开始做起,把自身的正能量传递出去。1987年,她通过支部改选,当上了北新桥副食基层店的党支部书记。因为高中毕业就去插队了,回来后到了副食行业就在这儿工作,始终没有机会上学。于是她在开始学一些业务的同时,到电大学习,为自己充电。读电大的那段日子,孙丹威的压力着实不小。工作上，她当时的管辖范围已经涉及几家门店，有菜市场、冷饮店、食品店、酒馆等，还有吴裕泰茶业股份有限公司的前身吴裕泰茶庄。

电大毕业后，她趁热打铁读了中央党校的函授本科，学的依旧是经济管理。1994年年底，她开始兼任经理，敢于创新的潜质也就是从这个时候开始崭露头角。孙丹威把当时在北京市场刚刚开始做不久的超市模式复制到了自己的店里。对于这次事业上"第一次吃螃蟹"的经历，她说："这次尝试让我对新兴业态有了切身的体会和了解。"这次改革的尝试，练就了她的胆识，也给她后来的工作做了很多铺垫。

在吴裕泰新公司成立前，孙丹威被派到日本卡斯美学习，当时日本的连锁业方兴未艾，这种经营业态对孙丹威触动很大，她一心想把这种业态复制到国内，所以，她在学习连锁业态上花的心思最多。在日本学习连锁经营期间，她向日本老师咨询老字号能不能做连锁？在那个茶叶市场经营基本尚在一门一店，连锁经营没有先例的年代，探讨的结果得到了两种答案：一种观点不支持，认为这种店不能拓展规模，做一家足矣；另一种观点则表示，如果能做好各方面管理，还是可以尝试一下。经过反复论证，吴裕泰最终还是勇敢地开始了连锁经营的尝试与探索，1997年吴裕泰进入了跨越式的发展阶段。

1997年6月23日，吴裕泰在平安大街开了第一家直营连锁专卖店，次年，第一家加盟店在大望路开张。随着连锁经营的快速发展，门店财务结算，部门间信息沟通，管理效率等问题摆在了吴裕泰团队面前。为了更好地推进连锁经营，吴裕泰公司把信息化建设提上了日程。万事开头难，摸着石头过河的吴裕泰公司花重金武装自己，2001年吴裕泰与联想签订了百万元的合同，每家门店都纳入了计算机网络管理，用信息化系统来保证茶叶进、销、调、存的统一。事实证明，改革才有机会，创新才有生命，在不断"尝鲜"的那些年中，吴裕泰公司整体效益每年都保持了25%以上的增长。

为了弥补业务上的不足，孙丹威决心把自己从外行变成内行。1998年，为了学得茶叶真经,孙丹威进入茶学界最高学府——浙江大学茶学系研究生班学习。作为一个普通的茶叶经营者,通常只需学习一些《茶叶审评与检验》《茶叶经济贸易学》等茶叶专业的基础知识就足够应付日常的经营管理了,但孙丹威却不这么认为。她预见到了若干年以后吴裕泰企业发展的未来——今后经营茶叶产品需要完整的农业贸易产业链,安全的茶叶必须有从育种栽培到仓储销售的全过程可控制追溯体系……所以她在浙大学习期间涉猎面非常广泛,其中包括茶学导师刘祖生教授的《茶树育种学》、中国茶艺先驱童启庆导师讲授的《茶叶文化学》,还有全国唯一的茶学界院士陈宗懋教授的各种专题茶学讲座。在杭州学茶的那段时间,她如饥似渴、废寝忘食。经过那段时间的理论学习,再加上十几年的实际工作经验,成天与茶叶接触,耳濡目染,她的辨茶、评茶的能力很快就达到驾轻就熟、炉火纯青的程度了。

孙丹威不仅要自身专业知识过硬,还同时开始大量招收国内各大院校茶叶专业的优秀大学毕业生充实到公司队伍里,组建年轻化、专业化团队,像浙江大学茶学专业的赵琳琳、王雪,四川、安徽农大的焦春慧、张澜澜从毕业来到吴裕泰公司,脚踏实地为公司奉献着,这支优秀团队多年来跟随孙丹威一起到各地考察茶园,检验茶叶品质,成为吴裕泰逐步走上科学化、现代化管理企业的中坚力量。而为保持百年老店的深厚文化底蕴和经营氛围,吴裕泰不仅茶庄依旧雕梁画栋古色古香,店铺管理老规矩与新方法结合,比如传统的茶叶包包技术,是每个店员的必修功课,店长等基层管理人员都是从售货员开始数十年干出来的老茶人。现年56岁的张全红被返聘到吴裕泰北新桥店店长岗位上之后,仍然像过去一样,每天早上七点半准时来到店里检查督管各项工作,一直到晚上八点下班,周末、节假日从无例外,将吴裕泰茶知识和管理经验身体力行地传帮带。多年来,吴裕泰人就这样上上下下合成一股劲,使百年老字号新香永续。

吴裕泰公司内部机制理顺了,连锁办起来,营业额连年上升,孙丹威和她的团队又给自己出了新题目。店里的当家花茶深受百姓喜爱,但除此之外,只有几样常规茶类比如龙井、乌龙、铁观音等家家都有的品种,而市场上有些时令茶叶是断顿儿的,比如北京整个冬季喝不上新茶,孙丹威给吴裕泰公司立下了新目标:让京城人月月喝到最新鲜的茶。20多年中,她们不遗余力地奔走于祖国各大茶叶产区,隆冬季节,祖国最南端的海南绿茶打着"飞的"进了京,阳春三月宜宾春芽,秀甲天下的贵州绿茶,浙江长兴的顾渚紫笋——昔日北京人连名都不知道的馨香佳茗一个个进入寻常百姓家。吴裕泰开发的新茶不仅极大丰富了产品体系,也真正让京城人每个月都喝到了刚摘下枝头的鲜嫩好茶。

在探索找好茶的过程中,吴裕泰专业团队,独涉深渊丛林,拨开疑窦层层、迷雾重重,她们的艰辛让人百思不得其解,她们不畏苦寒坚守寂寞。行程近百万公里,遍访中国名茶山,足迹踏遍全国五十多个产茶地区。她们看茶,不仅仅局限于茶山,而是将当地的自然环境,茶农的生活点滴融入其中。"制之惟恐不精,采之惟恐不尽"的经营理念是吴裕泰公司各个团队工作中的指南针、座右铭。为了做到"制之惟恐不精,采之惟恐不尽",不管是采购哪个厂家的茶叶,吴裕泰公司都坚持把质量放在第一位,哪家的质量好就要哪家的茶,优胜劣汰,绝不采购关系茶、人情茶。责任使他们前行,使命给他们力量。前行的路绝非一马平川,坎坷会经常遇到。

吴裕泰成立公司不久,国家开始重视茶叶农残检测,要求北京市50家茶叶企业都要将自己经营的茶叶送检。由于公司刚成立不久,孙丹威当时心里没底,没有将吴裕泰的茶叶样品送检。尽管北京质检站的人提醒过他们,北京市各级茶叶质量管理部门对此次检验十分重视,事后还会进行电视、广播、报纸的立体公布,但当时由于主管业务的负责人没把握,依旧没有送检。结果,这次事件的报道力度果然很大,而50家茶叶企业中只有吴裕泰一家产品没有送检,自然也就无法列入合格企业行列。媒体报道后的第二天,孙丹威站在茶庄里就听到从门口过去的消费者说"别去他们家买茶了,报纸上的合格企业里边没有他们家"。当时对企业销售影响很大。虽然此后又通过一系列有影响的活动为企业提升了品牌影响力,但这件事给他们留下的印象至今难忘。通过这件事让吴裕泰的经营者们明白了一个道理：对于老字号来说，抓住老百姓的心才是王道，获得消费者的认可企业才能生存下去。

在平时工作中，她为吴裕泰事业的发展而辛勤劳作，为吴裕泰的繁荣而劳碌奔波。有一年大年初一她亲自驾车行程400公里到张家口吴裕泰店检查工作，在回来的路上遇上了大雪封路，在路上没有饭吃，只能买一盒方便面解决肚子问题。似乎"休息"一词在她的人生字典里根本就不存在，她充沛的精力好像没有用完的时候，工作起来就像上了发条的钟表。用吴裕泰茶人的话说："我们曾看到过前辈为茶事业而呕心沥血，就是到了耄耋之年还在为茶文化发光发热，是他们在激励着我们前行，他们是我们年轻人的楷模。我们这一代企业家，要勇于做茶的传人，要敢于成为茶企业的脊梁，要为茶事业多担当、多奉献，为后来人竖起标杆、共同托起中国茶明天的希望。"

问茶图

著名茶山画家赵乃璐/创作

一、飘雪正月　海南新绿

　　数九寒冬，百年老字号"吴裕泰"会在万木萧条的正月里推出当年的第一批新绿茶——海南绿茶。在寒冷的冬天里，这对于爱茶的人们而言无疑是一个令人兴奋的好消息。元旦当日，来自海南的"华夏第一春茶"——海南翠螺、18℃水仙正式上市，将千里之外南国的阳春暖意早早地送到了京城。

　　2008年12月中旬，连续下了多日大雪，北京天寒地冻之时，吴裕泰掌门人孙丹威利用周末时间，从北京踏雪征程三千里，携吴裕泰的技术人员焦春慧、孙倩来到海南的五指山下，她要在这里寻找中国最早采摘的"华夏第一春茶"——海南绿茶。脱下羽绒服，换上南国短衫的瞬间，她们已完成从京城人到海南茶农变身。她们不顾路途艰辛，风尘仆仆，来到茶园，也许是因为刚刚下完雨，山里面的云和阳光玩起了捉迷藏，远远望去，茶树在四面的山上，不时地被云雾轻轻地掠过。他们摘下一片叶子放在嘴里嚼了嚼，又开始仔细地观察茶叶的出芽情况，一连三天里，她们走遍山上山下，穿梭于茶园之中，密切关注当地茶山气候和茶树的生长情况，与茶农商谈最佳的采摘日期，考察早春茶的生产和炒制状况，并和专家一起亲自到生产线参观茶叶的生产过程。孙丹威说：

"作为北京老字号茶庄,让消费者喝到更鲜、更实惠的茶,是吴裕泰的始终追求。我们所做的这一切,都是为了让北京人第一时间喝到最好的海南早春绿茶。"

当远在北国的您喝到第一杯海南新绿茶,鲜醇的清香,就如同走进了海南春意盎然的茶园,远远望去,绿映成趣,一排排茶树枝头的嫩芽,就像一队队整装待发的新兵战士,站立得十分笔直,挺拔,风一吹来,茶芽在茶树枝头欢歌雀跃,一行行茶树就像一个个凯旋的整齐绿色大方队,茶株层叠,尽染绿色翠意。海南新绿茶一天天扩大胜利的地盘,小茶芽精神饱满。新茶芽三个一伙,八个一群,呼朋引伴地跃上枝头,仿佛不约而同地跳起春茶之舞,唱响欢快的春茶之歌。也正是这些可爱的茶芽,在春风中细细地不停呼喊,催叫得村里采茶的女人们一大早便成群结队,戴着尖竹笠,背着竹扁篓上山了。整个海南五指山茶园烟云缥缈,恍若仙境,采茶女身穿红衣绿裙,十指纤纤就像仙女降临人间。对于他们来说,每年12月,采茶的春天将要开始,春茶寄托着他们的梦想、希望和对幸福生活的向往。

春茶生长速度极快,一茬儿接一茬儿。有经验的茶农说,你前面刚刚采过,茶树都是墨绿的,不经意一回头,背后又是一片新绿嫩芽了。鲜嫩欲滴的小茶芽你追我赶,争先恐后,又从茶树枝头冒尖了,绿绿的,嫩嫩的,它们分明就像一群爱好串门戏耍的孩子,前脚刚刚走了一群,后脚又来了一伙儿,你方唱罢我登场。茶山壮美,不饰雕琢。采茶女见此情景,脸上乐呵呵,心间美滋滋。茶叶对于他们来说,那不仅仅是调皮活泼的孩子,更是一年丰收的喜悦。在吴裕泰公司海南茶产地,每天都能看到在茶园里忙碌的茶农身影,别看他们采下的只是小小的嫩芽嫩叶,那却是他们生活中无数梦想的根基。

多年来,吴裕泰公司在中国的主要产茶区建了20个无公害茶叶基地,海南茶园是一片没有被污染的净土,"吴裕泰第一春茶"海南翠螺、18℃水仙正是来自那里。在红军时期的琼崖纵队活跃的深山里,有后来在50年代末期组建的半军半农的"农垦戍边"创建的农场遗址,由于粮食作物并不是海南亚热带地区的优势作物,农场一直半死不活，并没有发展起来，而沿袭下来的一排排老房子也早已破旧，开垦出的本该种稻麦的土地，早已不种粮食，相反不经意间半野生半人工的当地茶树却天然适宜在这里生长，已经覆盖了大半山野。不论是当年琼崖老红军的后代，还是屯垦戍边的农工或者屯垦战士及其后代也都是惨淡经营，生活得很差，不说是勉强糊口，至少也比内地农民生活水平低一大截。一年四季的消费，除了他们吃的粮食就几乎没有什么值钱的家当，基本上都是低矮的破房子徒存四壁而已，一直延续多年，稍有变化也不大。

吴裕泰公司以在全中国茶叶销售中的巨大优势作为龙头，整合了自己的销、产、加工、原材料处理等各种能力的优势，把海南老天爷恩赐的自然资源加在一起，二者合一，创造成为吴裕泰公司独有的，"海南早春绿茶"。从经济理论上说，几乎是完美的天人合一的创新产品之典范。不仅使吴裕泰公司增添了一个不可或缺的全新茶叶品种，同时还使当地"农垦戍边"军民后代的生活质量有了提高。他们不必再勉强费力地种植那些本来就不适于本地生长的稻麦，而收入却远比种粮食高很多。他们利用现代改良过的加工茶叶方法，又提高了茶叶的出品率和生产效率，使得同样多的茶叶产量，由于科技含量导致的深加工的产值增量，使得茶农在短短几年时间里生活质量显著好起来了。

海南五指山地区是我国最南端的高山云雾茶叶产区，也是我国最具热带海洋气候特色的地方。这里全年暖热，日照充足，长夏无冬，雨量充沛，干湿季节明显，茶树生长快，茶叶采摘周期长，产量高。茶园置身于高山密林之中，生态环境良好，生物植被丰富，周围山间小溪纵横交错，终年流水不断，可谓"青山环抱，绿水相伴"。中国最南端北纬18度、高海拔的地势和热带海洋季风气候令茶园冬春雾锁，夏秋云封，每年云雾天数多达200天以上。享尽得天独厚的资源优势，采摘园内早春一芽二叶初展，经过层层严格工序制成的海南翠螺、海南水仙可称得上是极品中的极品。特别是海南水仙被孙丹威冠以"18℃水仙"之名，更凸显了水仙的产地色彩。

吴裕泰产地的茶树经过秋天到冬天的自然休养和滋润,营养积累丰富,香气滋味最佳。另外,海南冬季气候温润,适合于茶树萌发,茶叶吸收了充足的光照,茶多酚含量也高于普通绿茶。海南翠螺外形卷曲呈螺状,色泽翠绿,香气清高,板栗香显,滋味浓厚鲜爽;18℃水仙条索紧结细直,灰绿起霜,冲泡后带栗香,汤色翠绿清澈明亮。同时,吴裕泰公司还精心设计了茶叶包装,使这款极具性价比的海南早春茶成为馈赠亲友的体面礼品,深受工薪阶层和白领们的欢迎。

茶是天地人智慧辛勤的付出以及大自然造化结合的甘露。在品饮茶的时候,我们要带着一颗感恩的心慢慢品茶之真味,这是对吴裕泰公司制茶人的尊敬。虽然茶的起源在什么地方没有一个统一的说法,但是将知茶、用茶,发展到文化这个层面,吴裕泰公司无疑是当今当之无愧的茶文化的继承者和开拓者。

纵观茶文化的发展史,不难发现中国饮茶文化发展从混沌到文明的变化。唐朝茶圣陆羽在他那被称为全世界第一本关于茶的百科全书——《茶经》的第一章茶之源中开门见山地谈道:"茶者,南方之嘉木也,一尺、二尺,乃至数十尺。其巴山峡川有两人合抱者,伐而掇之……"这成为了很多学术界的专家将中国定为茶的故乡的重要依据之一。中国茶树树龄最老的在2700年左右,这无疑是最具说服力的证据。人类最早利用茶叶,可能是从药用开始的。中国人将茶作为药用品食用的历史就可以追溯到3000多年之前的周朝。在历史的长河中,任何新生事物的出现都不是偶然,而是厚积薄发的质变。

进入21世纪,四通八达的航空运输让鲜嫩的海南绿茶乘上飞机几个小时就飞进寻常百姓家的茶杯。而在唐朝,清明前夕刚刚采摘下来的新鲜贡茶都要靠飞骑传递"急程"送至长安,才能赶上清明的皇室茶宴。最上等的"急程茶"只有皇帝和王公大臣们才能享用。包括当年写下中国第一部茶经的陆羽、李白、杜甫等人,他们游历"天下"靠的是双腿一步一步迈出,长途跋涉,一路颠簸。走遍中国名茶山多靠他们的步行,才留下一首首脍炙人口、流芳千古的茶诗。他们歌颂了大自然恩赐人类的美好茶山，美味茶水，但毕竟因为交通工具的重大限制，诗仙茶圣们寻茶的脚步最终终止在华东和华南北部地区，只判断岭南出茶，最终也没有到达海南区域研究那里的绿茶及吟咏，更何谈在那样的条件下，把岭南、海南的茶叶空运到北方地区了。即使是皇亲贵族，也无法成规模地组织鲜茶的生产。而今日，吴裕泰公司把海南早春绿茶在每年12月底运到北京，写出了海南新绿茶的传奇。

茶叶是入口饮品，当时当令，口感味道自然最重要，但食品安全却是健康与生命的底线，丝毫马虎不得。茶圣陆羽在《茶经》里说：茶之为用，味至寒，为饮最宜精行俭德之人。在这一点上，吴裕泰公司自始至终坚持严格的产品检验程序，质量标准确保始终如一。一般来说，新茶采摘加工后，由产地把关检验，并提供当地质监部门的检测证明，产品就可以在北京上市。但吴裕泰公司还要为北京消费者再加上一道"保险锁"，他们对每批购进的新茶叶，在验证产地检验证明无误后，并不急于投放市场，而是先放在吴裕泰公司库中封存，然后通过国家级茶叶审评师的审评，再将每批抽样送至第三方茶叶质量监督检测的专业机构检验合格后，才准许投放吴裕泰公司的300多家店铺销售。

在茶叶销售中，他们也有严格的操作程序。海南绿茶以"鲜"为美，又以无污染为口碑，吴裕泰公司零售茶叶一律配备保鲜柜，不但保证茶叶质量，卫生条件整齐划一，而且"鲜"度和茶叶品质也无可挑剔。孙丹威说："品牌的背后需要好产品质量和优质服务的支撑，我们就是力争要把中国的好茶都'集合'在吴裕泰公司的店里，让顾客在第一时间喝到中国最好的绿茶。"茶之为饮，发乎神农氏，从早期的药用，到后来的饮用，从单纯的解渴、消食、提神，到成为人们向往的一种生活方式。科学研究结果表明，喝绿茶，可以解毒、止渴、强心，绿茶最大限度保留了鲜叶内的天然营养茶多酚，对预防人体衰老、防癌、杀菌有特殊效果，尤其是在北京的室外格外寒冷的冬季，能在温暖的房间里喝上一杯清澈温暖的海南新绿茶，是何等惬意。

每年吴裕泰公司严格保证春茶的"早、鲜"，不惜用飞机调运京城。三千公里之外的海南新鲜茶叶昨日还在枝头,第二天早春新绿茶乘着"飞的"跨越万水千山,为北京消费者们带来了属于新一年的蓬勃而生动的春的气息,也敲响了吴裕泰茶庄在新年里如茶香般悠长的第一声钟响。从历史角度而言,这一声钟响也是陆羽李白们制茶研茶,吟茶咏茶的悠远回声。

海南绿茶既是茶中的早熟品,也是饮品中不可多得的天地精华。

孙丹威说:"寒夜客来茶当酒,沏杯海南好绿茶。寻常一样窗前月,才有绿茶更不同。"

著名茶山画家赵乃璐/创作

14

二、早春二月 滇绿春意

古往今来,神奇的云南绿茶一直留存在那片原始、神秘、美丽、富饶的土地上。它从远古走来,沐天地岁月的沧桑,历代农民的旧事,默默地书写着云南自己的茶事,奉献着自己的风华,依恋着中华这片热土茶山,滋养着这里的人们。早春2月,干旱了整整一个冬季的北京城苦盼瑞雪,巴望甘霖,而忍受了冬天几个月严寒干燥

的北京人,更盼沁人心脾的绿意茶香。伴随着寒冷而湿润的空气,百年茶叶老字号吴裕泰公司在2月份推出新的"云南绿茶"摆上了货架,为京城百姓的健康和生活带来了福音。

2003年春天气候变化无常,初春原本就是疾病频发的季节,再加上北京刚刚经历了连续80天无降水的干燥暖冬,给细菌生长、病毒活跃提供了适宜的条件。吴裕泰公司基于北京人对于健康和绿色的渴望,比往年整整提前了一个月将最新鲜的云南绿茶空运至京城,让人们在繁忙而干燥的初春时节切实感受到云南绿茶带来的呵护,云南绿茶成为京城茶行业中最早上市的真正意义上的春茶。吴裕泰公司茶叶专家建议消费者在这样的季节里每天喝上一杯绿茶,绿茶含有的大量茶多酚,在维

护人体健康或降低成人和老人罹患疾病风险、防辐射方面有一定功效,不仅能够消除疲劳,常喝绿茶还对预防心血管和呼吸系统疾病、增强免疫力、延缓衰老具有十分重要的作用。

在上世纪90年代末,北京市场很难看到云南绿茶,云南地处西南边陲,四季如春,春天是茶树最好的生长季节。吴裕泰公司研发团队经过认真仔细研究,认为云南新绿茶除了防癌,降血压具有很好的保健功效外,还有三个十分显著的特点,一是上市早,二是价格比较低,很受广大消费者,特别是工薪阶层喜欢,三是云南绿茶采自大叶种茶树,滋味浓,老北京人称之为"刹口",特别适合北方水质冲泡。当时,吴裕泰公司正处于起步阶段,财务状况捉襟见肘,根本无力花大价钱去采购那些所谓的"顶级新绿茶"。所以,他们就将目光投向了云南。如果在正月里,就能用几十块钱买到当年新茶,说不定就是趋之若鹜,不愁买卖!

人们自古认为,云南的山有灵气、云南的水显秀气、云南的茶有名气。能寻觅到一种质优价廉的新产品是最让吴裕泰公司上上下下高兴的事情。2003年的一个春寒料峭的日子,孙丹威带着刘培华、焦春慧等人如期启程,冒雨从昆明飞赴云南最大的茶叶农场龙生所在地——思茅市。她们来不及休整,很快在当地茶叶龙头企业龙生茶叶朱启忠老总和老茶人王挺明的带领下,马不停蹄地向深山老林的大茶园进发了。

绿色是大自然对云南茶山的恩赐。一月的北京是万木萧条,江南也是芳草萋萋,而云南茶山则是一片葱茏,无数的参天大树,树冠浓密,遮天蔽日,使得树林充满了神秘感。透过高大的阔叶树冠,间或有阳光泻进丛林,照在挂满露珠的蜘蛛网上,银光闪闪的蜘蛛网,把云南原始森林装扮的像童话世界。但吴裕泰团队这次扮演的可不是童话里的白雪公主,她们是穿越云南原始森林的找茶人,路上随时可能遇上原始森林中的毒虫蛇蝎。此行她们遇上的飞蚂蟥非常厉害。飞蚂蟥那家伙不知道躲在哪里,可它突然一下飞过来叮在她们的手背上,分泌出一种有毒物质麻,使伤口奇痒无比,皮肤暂时失去知觉,找茶团队中的好几个人就是这样被飞蚂蟥叮得手上流血,可能这种小家伙有分辨雌雄的能力,专门叮咬相对文弱的女性。她们就被那可恶的家伙光顾过,幸亏"老茶人"王挺明有经验,随身携带了一些盐,飞蚂蟥开始叮人时,老茶人就马上撒上盐,飞蚂蟥稍微哆嗦一下就会缩成一团,自动脱落。

吴裕泰公司一行找茶人披荆斩棘,穿过丛林后又坐上拖拉机继续前行。当时云南许多地方不通高速公路,30公里的路程,她们走了近四个小时,拖拉机晃晃悠悠地在崎岖的山路上颠簸。终于到达了龙生集团营盘山茶场的万亩茶园。当看到那一望无际连绵不绝的万亩有机生态茶园时,她们喜不自胜,马上组织专家对当地的土壤空气进行取样分析,并根据吴裕泰公司对茶叶品质的严格要求提出了改造方案,将龙生茶厂符合有机茶生产条件的900亩茶园挂牌为吴裕泰公司绿茶生产基地。

近年来,云南自然环境保护,水土保养等做得好,"栽好梧桐树,引得凤凰来",2006年5月13日,胡锦涛总书记在云南视察农村经济建设时来到了龙生集团的有机茶种植基地考察,当时胡总书记对他们这种"销售公司+种植基地+农户+标准"的农业产业化模式给予充分评价和肯定。胡总书记一边和茶农聊着家常,一边动手采摘茶叶。离开茶园时他将采得的一大把茶芽小心翼翼地放进了茶农的背篓里,如果您现在品尝着从吴裕泰茶庄里购得的云南茶,说不定就是胡总书记亲手采的呢!

在2012年底,云南全省茶园种植面积达580万亩,采摘面积472万亩,产量278万吨,茶园面积、茶叶产量分别位居全国第一。云南绿茶产自处于海拔1500米以上的云南普洱地区的茶叶加工产地,这里是一片未被污染的净土,茶园处于高山密林之中,空气清新,水流潺潺,完整地保留着自然的生态面貌,茶农们保持着刀耕火种的劳作状态,所有茶树完全采取有机肥料,产出的茶叶绿色天然。云南绿茶以优质云南大叶种茶树鲜叶为原料,运用传统的烘青绿茶加工工艺制成,茶叶的芽叶肥硕,汤色明亮并具有云南茶树品种特有的花果香。对人体健康有更加明显的保护功效。

想当年,诸葛亮在七擒七纵孟获的战斗中,他的部队就驻扎在原普洱府地区,由于水土不服,瘴气深重,很多战士纷纷染病,部队战斗力大减,怎么办? 此地地处原始森林,几十里不见人烟,更别说名医好药了。"神农尝百草,日遇七十二毒,得茶而解",足智多谋的诸葛亮让官兵大量热服水煮绿茶,后来病情大好,瘟疫被遏制住了……当诸葛亮的部队班师回朝时,当地百姓为了纪念他,将他驻扎的地方改地名为"思茅",意思是永远思念诸葛亮在古隆中的茅草屋。

茶叶最早留在人们记忆中是儿时老百姓喝茶那大大的茶壶,盛夏的午后北京人三五好友,围坐在茶桌旁,谈天说地,而有些人总会在口渴之时,端起大茶杯,咕咚咕咚地喝下,浓浓的茉莉花香夹杂着点苦涩,茶汁在舌尖上舞蹈,顿觉气爽神清,瞬时仿佛置身于花间竹林,流水鸟鸣之境,这就是人们与茶结缘的开始。中国的茶品广博,有绿茶的清淡,青茶的变化,白茶的甘甜,红茶的醇厚,黄茶的淡爽,黑茶的厚重。

人生因苦难而丰富,茶叶因沧桑而绚烂。吴裕泰公司专业开发团队,用自己的年华和生命,丈量着茶山的朝圣之路,用心灵和智慧创下了新时代的找茶记录。在找茶的路上,他们遇到重重困难,只能面对大山倾诉,一路前行,这里有他们情感的写照,更是一种生命精神的皈依。春天是一首茶诗,夏天是一首茶歌,秋天是一幅茶画,冬天是一壶清澈的茶,里面有吴裕泰年轻人的芬芳,清冽,人生的回味,在茶园的山坡上,有多少走不尽的路,就有多少看不完的茶,他们多希望在温暖前行的日子里,多一些明媚,多一些完美,少一些缺憾。 茶叶虽小,滋味乾坤大,茶中涵盖着吴裕泰专业团队的人生百味 。无论茶在你口中是苦涩的还是甘鲜的,是平和的还是醇厚的,它所能勾起的人们对生活的感悟却都是不平凡的。

茶纵有千好万好,但也要有人使它被人知晓,正如再好的琴自己并不会自动弹奏那美妙的乐谱,也需要那个拨动琴弦的人。吴裕泰就是那个使得千好万好的茶被人知晓的人,就是那个拨动琴弦使其弹奏好乐章的人,不只在茶方面的造诣甚高,而且她们在寻遍世界好茶、制茶育人的路上，永远不忘引领后辈。

如今，年轻人很少喝茶，是因为社会没有给他们提供很好的品茶场所、喝茶方法和用茶等整体氛围，让他们不知什么样是好茶，或是知其好也不得入其门。就中国的历史来看，茶是老祖宗留下的琼浆玉液，不会有灭绝的一天。如今，好茶越来越昂贵，对于一般收入的人，要喝上一口好茶，是否已然遥不可及？名茶，固然是好，但更不应该忽略的是茶叶的安全问题，茶叶质量安全主要包括农药残留、有害重金属残留、有害微生物、非茶异物和粉尘污染等因素，涉及茶叶的原料生产和加工两个过程。近年来随着我国启动"无公害食品行动计划"和在茶叶生产中禁用、停用一大批高残留农药，中国茶叶农药残留状况明显好转。孙总说，我们实际走访云南茶区的经验告诉我们，云南这个地方比较穷，他们拿不出更多的钱去买农药化肥。我们知道了茶的本质，和它带给人的美好。但茶的所有优点，都必须建立在"茶叶质量安全"的基础上。换言之，如果吴裕泰找的茶是一个不安全的茶，将使茶的所有美好荡然无存。

近年，北京市场各类食品、副食品价格普遍上涨，吴裕泰公司的新产品云南绿茶却仍然保持了平民价格。吴裕泰还从细节出发充分考虑到消费者的需求，保持茶叶的优美条形，云南绿茶专门被放在吴裕泰限量版八角"茶有语"茶桶当中，茶桶上印着著名京味派画家杨信的八幅画作，记录了吴裕泰100多年前老茶栈里买茶卖茶、门庭若市的繁荣状况。在喝完云南绿茶后，茶桶还可以反复使用，大大减少了茶叶包装的消耗，既具有收藏价值，又是文化、环保、节能的最佳体现，这款茶品从里到外诠释了云南绿茶绿色自然环保的内涵。

吴裕泰公司一直在营销理念、体制、产品等多方面进行积极创新，以适应市场需求。"在吴裕泰，放在第一位的永远是保证消费者的利益"，在云南新绿茶上市之前，吴裕泰用最快的速度采摘、炒制茶叶，并用飞机迅速运到北京，确保滇绿能够及时并保质保量地按时铺货。云南绿茶在吴裕泰公司的数百家连锁店曾创下上市第一天就卖出了500多桶的好成绩,滇绿的品质和茶桶精美的设计让买茶人心仪不已。

　　茶是人们生活的一种调味品,尤其是近年来,茶在人们心中的功用,不再仅仅局限于解渴,而是把它的养心、养身等保健功效看得更加重要,于是,许多人开始以茶为礼,以茶为时尚,有人把泡茶当成一种修身养性的惬意之事,茶成为多元文化的一种媒介。质管经理孙倩说:茶叶内质好,沏出来的茶就透亮,质量差的茶,一沏就是浑的,喝着不是味儿。因此,追求茶品质是吴裕泰公司经营的一条路。秉承"好茶为您,始终如一"的理念,将传统文化与现代文化结合,传统技艺与现代科技结合,吴裕泰这块金字招牌在新时代的市场经济形势下散发出了更加耀眼的光芒。100年前,北京人会说:"北新桥有家安徽人开的茶栈叫'吴裕泰'。"100年后,北京人会说:"吴裕泰茶叶是人们生活的必需。"

　　南行万里到边疆,吴裕泰为茶树狂。瑞雪滴露云南绿,裕泰茶早一抹香。

著名茶山画家赵乃璐/创作

三、阳春三月 宜宾茗新

　　每年三月，是中国绿茶生产的黄金时间，依照时间的顺延，明前，谷雨，次第采摘，各成好茶。最早发芽的茶，成为人们经历了一整个冬日后最期待的杯中春意，加上明前茶的芽头细嫩，蕴含着积攒了整个冬天的养分，所以是在各种茶中当之无愧的最好茶品。

　　茶是健康之液，在我国被誉为"国饮"。四川宜宾与茶有着极深的渊源，千百年来形成了自己地区特有的茶文化。阳春三月，百年老字号"吴裕泰"推出了今年宜宾第一批"宜宾春芽"新绿茶，这对于喜欢喝好茶的人无疑是个最好的消息。"吴裕泰茶庄作为北京老字号，让广大消费者喝到更鲜、更实惠的四川宜宾新茶"是吴裕泰公司的一贯追求。

　　2013年，大年初三，在浓浓的年味中，孙丹威带领年轻团队赶到四川宜宾茶山，他们目的就是要找到中国最早采摘的宜宾早春新绿茶——"宜宾春芽"。清晨，他们行走在宜宾高山茶园之中，进茶山的路蜿蜒曲折，一旁是高山树林，鸟鸣悦耳，一旁是深涧清溪，顺着一道山泉一路攀爬，穿过一片竹林后出现了一片较为平坦的山地。眼前是长在石缝中、竹子旁、溪水边零零落落的茶树，茶树高约二尺有余，枝干粗壮。这里的茶园完全不是想象中那样整齐划一，一眼望不到头的景象。这里海拔高，气候寒冷，病虫害很少，茶树都是和这里的竹子、红豆杉、松树、果树、野花长在一起的，这里的茶园都在海拔2000米以上，雨水充沛，常年云雾缭绕，把大山中的花香林气都联结了起来，茶里面自然就有了各种花草的香味，四川宜宾茶园在深山中，被森林怀抱，保存完好的原始植被拥有完整的生物链体系。

四川宜宾早茶，好就好在一个"早"字，它早在一年之春，一春之先。上古时代，茶在中国的植物图谱中已经出现，但是最早时，茶属于药品，或者属于菜蔬，一直到了唐代，随着茶叶的广泛种植和行销到了游牧民族地区，茶才正式成为中国人的日常饮用之物。这时候，陆羽创立了一套茶叶科学体系，规范了饮用方法，提出了"茶有真香"的核心观念。在战国时候，四川宜宾一带已经有饮用茶的习惯，秦灭蜀后，将这一习惯带出来，这里也是古茶树的发源地之一，符合"南方有嘉木"的说法。

在汉代时候，四川宜宾还是茶叶主产区，当时的饮用方式还不够清晰，应该是原始的煮汤饮用，也有加盐姜同煮的，基本上还属于药用，茶在漫长岁月里，一直属于药食同源的。陆羽的《茶经》不仅是总结当时的喝茶方式，还制定了一些新的品饮之道，包括初步科学的体系也建立了。陆羽的《茶经》是一件大事，因为它肯定了茶饮在日常生活的地位，不仅包括了大量的茶事经验，还奠定了茶道规矩。这个准则，事实上一直影响到后世，别看唐茶的喝法与现在差别很大，但国人饮茶的内在精神路径，完全是他那时候的。唐宋时代，奉行的是设监制作的贡茶体系，最优质的茶根本不会流入民间。但是明代中叶后，四川宜宾经济快速发展，使得整个长江中下游区域都发展起来了，普通人的生活也讲究精致和享受，尤其是士大夫阶层，他们追求的生活方式在当地有很大影响，品茗就是其中一项。在他们推动下，新的名茶体系诞生了，正宛若一个个凌波仙子，飘到人间，香气四溢。

宜宾的种茶历史可以溯及先秦，公元134年，屏山始种茶树，明清学者顾炎武《日知录》中称"秦人取蜀，始有茗饮之事"。宜宾绿茶，除采茶时节早外，其种茶、品茶、茶流通的历史也早。20世纪50年代在宜宾高山发现的千年古茶树，高数丈，两个人才能合抱。宜宾种茶、产茶、饮茶的历史至少已有3000多年。事实上，早在公元前，宜宾就有"园有芳茗"和"贡茶"的记载，僰道出香茗，悠悠三千载。这说明宜宾当时就有茶向周王朝廷纳贡，且茶已为园中栽培的作物。著名的"僰道贡茶"即在此时产于筠连县、高县、宜宾县、珙县一带。自北宋在宜宾设立买马场以来，每年宜宾有数万担金玉茶、条茶、金尖茶运进西藏，称为"南路边茶"。筠连县的黄芽茶、宜宾的明前毛尖等品种，在市场都享有比较高的声誉，还有质量优异的贡茶。这里也是中国茶文化的发源地之一。古往今来，众多文人雅士流连宜宾山川名胜，同时，也留下了许多赞美宜宾茶山的名篇。北宋诗人黄庭坚："西来雪浪如焘烹，两涯一苇乃可横。忽思钟陵江十里，白苹风起縠纹生。酒杯未觉浮蚁滑，茶鼎已作苍蝇鸣。归时共须落日尽，亦嫌持盖仆屡更。"这首诗无疑是宜宾茶深刻的写照。

吴裕泰公司始终坚持在全国产茶地找寻绿色生态茶园，创知名品牌。宜宾地处四川盆地南端，金沙江、岷江、长江横穿全市。它地处长江上游，云贵高原的北坡下，西有大娄山，横断山脉，南部为四川盆地，在这一带，有海拔1777.2米的筠连县大雪山等。全市地貌以中低山地和丘陵为主体，岭谷相间，平坝狭小零碎，自然概貌为"七山一水二分田"。独特的地形加上太平洋季风的恩惠，地域内气候温和，雨量充沛，常年温差不大，无霜期达300天以上，特别是海拔在500米—2000米的中低山地占46.6%，拥有优良的地貌和生态环境。宜宾还是全国同纬度地区——北纬28度，茶树萌发最早的地区，比江浙、安徽等全国茶叶主产区还要早熟30天。"川南出好茶，僰道茶香浓"，得天独厚的自然环境让四川宜宾有幸在千年里被茶滋润。

春天的宜宾茶山，明代陈襄诗曰："雾芽吸尽香龙脂"。高山出好茶的奥妙，就在于那里优越的生态条件，宜宾茶山正好满足了茶树的生长的需要，岁月酿成了茶的味道，茶散发出灵魂的清香。吴裕泰技术人员说："宜宾早茶的茶树是我国茶类中特早发芽的品种，独芽的早茶形美、色翠、汤绿、香高、味爽。春天采摘的茶叶都属于独芽,也就是茶叶中最嫩的一种。"

　　四川宜宾市农业局长林世全说:"在每年春天采茶时,鲜嫩的茶芽,不能用手掐断,而是使用轻弯弹断的手法,这样生产出来的芽茶就没有红梗的顾虑,保持了绿叶的美观。"采摘不能盲目,要选择芽头饱满、颜色嫩绿、大小适中的独芽进行采摘。采摘时应特别注意把食指放在独芽下,大拇指往下压,轻轻向上一挑,一颗完好的独芽才算采摘成功。最后一步就是将采下的独芽放在竹篓等透气的容器内,不能将独芽长时间握在手中。

　　千百年来,沧海桑田,唯青山绿水依旧,一代又一代栖居在这里的四川宜宾人与山水相依,与茶叶相系,香醇的清茶流淌在他们的血液里,融入到他们的骨子里。茶,似乎已经成为根植于宜宾人生命中不可或缺的一部分,宜宾茶农守着自己几千年来的习惯,家家户户逐茶而居,与外界联系很少,民风淳朴善良,守着茶园就像看护自己的孩子一样仔细。

　　四川宜宾茶农们,自然缓慢的生活,原始的种茶状态,温厚的采茶"传统",具体到茶叶上,宜宾茶农采摘加工与其他地方完全不同。采茶者大都本地人,每逢春天采茶时节,一个个柔美的采茶女子,轻盈而出,身背竹筐,长袖飘飘,气若幽兰,明眸渐开横秋水,朱唇嚼破绿云时。在美丽的茶园中,她们的歌声很好听,像涓涓流水滴落玉盘的清响。她们采茶时怀着丰收的喜悦,采过之后的茶匀整干净,完全没有受伤的痕迹,她们认为茶树是祖先留给他们赖以生存的财富,它比金银更宝贵,她们像爱护小孩一样爱护它。正是茶农这种对茶的尊重,安静平和的心态造就了宜宾绿茶100%原生态的韵味。宜宾绿茶,全部使用手工采摘的芽头,这样一来才能保证冲泡每一杯新茶、看每一片芽叶在杯中翩然舞动,都成为一种享受。看新芽在杯中慢慢舒展开来,如画般静谧优雅,特别能展现春天的美感。中国绿茶中,全部采用芽头制作的不多,这也缘于宜宾绿茶的茶叶,是当地得天独厚的物种。

　　在四川宜宾海拔2000多米以上的偏远山区,四川宜宾川红集团与吴裕泰股份有限公司强强联合推出了宜宾绿茶:宜宾春芽,四川宜宾川红集团董事长孙洪说,只有您走进我们宜宾深山的茶园,才能深刻感受到茶农们那"刀耕火种"的场面,茶农在种植茶叶时只能施有机肥,严禁有害的农药化肥进入茶园。宜宾茶园引山泉水灌溉,只施草木灰和农家肥,每年根据杂草长势进行五至七次人工除草,严禁除草剂的使用,采用太阳能杀虫灯、黄色粘虫板等生态措施防治害虫。

一到夜晚,在四川宜宾茶园里,一盏盏发出荧光的灯十分耀眼,它的用途是用来捕捉茶树上的害虫,几乎每夜都通宵达旦地亮着。通常清晨天才蒙蒙亮,茶山上便有人开始采茶了。"可别小看采茶这简简单单的几个步骤,像这样进行采摘,一个熟练的采茶工一天也只能采到很少量的精品茶叶。春茶内的营养成分丰富,无论是香气还是口感都更好些。"吴裕泰技术人员介绍说,采茶只是众多工序中的一道,还要经过鲜叶摊放、杀青、揉捻、干燥、摊凉、包装等多道工序才能出厂。茶叶成品外形扁直挺秀,形似竹尖,叶片嫩绿明亮,极具品饮价值和观赏性。小小一颗茶叶需要如此多繁复、精细的工序,足见倾注了茶农太多的汗水和付出。

茶能与四川宜宾这座城市结下不解之缘,完全拜这方灵山秀水的恩赐。如何保持四川宜宾绿茶的优势,一直是宜宾市政府努力解决的新课题。宜宾市市长徐进说:"茶产业富民,作为第一产业来抓,推动宜宾市茶产业快速成长,茶叶的品质持续提升,广大群众受益,茶乡知名度持续攀高。宜宾市80万亩有机茶园基地始终实施严格的标准化生产和有机绿色食品生产标准,产业规模不断壮大,我们着力扶持一批重点骨干企业上规模、上水平,向集团化发展,使茶农在种植茶叶时只能使用有机肥料。"宜宾茶品牌的建立不仅是一个长期的过程,也是一个持续的过程,而浓郁的宜宾文化又是宜宾茶的品牌精髓,"生态、环保、时间早、品质优"的宜宾早茶,曾经是"养在深闺人未识",近年四川宜宾川红集团与吴裕泰茶业股份有限公司强强联合,优势互补,努力扩大宜宾早茶的知名度,使宜宾茶的品牌影响力得到不断提升,"宜宾早茶"还获得了国家农业部农产品地理标志保护的认证,也是全国第一个被国家正式确认的早茶区域品牌。

为了把绿色、有机、低碳、经济理念引入四川宜宾茶园，宜宾市政府设计了一套完善的有机肥培育茶树系统，宜宾市农业紧紧围绕着"宜宾早茶基地"的战略部署，充分发挥四川宜宾地区生态、气候、土质等各种优势，在四川宜宾筠连县偏远山区，推行生态早茶基地"有机模式"。他们不盲目开垦、不浪费土地、不覆盖田地，通过坡改梯、格田整理、兴修水利，形成生态农业田园。发展立体农业，实现丘陵土地的最大农业价值。在筠连县建设"茶牧公园"，利用雾灌节水、调节茶园的温度和湿度，种植红枫树、松树，黄花槐等，建立"猪粪—沼气—茶园"循环立体模式，实现茶农多重增收。既保证了宜宾的茶叶质量，又为茶农们节省了近千万元购买化肥的资金。宜宾市农业局长林世全说："我们坚守着四川宜宾祖先留下的这块沃土，把绿色有机茶叶生态试验田继续下去是四川宜宾农业发展的大方向，我们要从源头上提升宜宾绿茶茶叶的质量。"为提升茶产业的发展水平，宜宾市积极鼓励茶叶生产从家庭作坊式经营向股份合作等规模化经营转变，组建了95个宜宾绿茶专业合作社，为消费者买到货真价实的宜宾绿茶提供了渠道保障。经过多年发展，目前，宜宾早茶产量6000多吨，吴裕泰公司销售的"宜宾春芽"品牌知名度越来越大。宜宾早茶，不仅成为当地茶农增收致富的主要渠道，更已成为宜宾市最闪亮的名片之一。不仅是宜宾早茶，百年老店吴裕泰施行名茶战略，传承千年茶文化，用独有的品牌智慧成功打造了上百个新茶叶品牌。

有人说："宜宾的每一座山都是飘逸着清韵茶香，每一条江都流淌着金枝玉叶。"四川宜宾高山茶园是一片没有被污染的净土，吴裕泰公司的"宜宾春芽"正是来自那里。高山出好茶，宜宾茶树经过一个秋天到冬天的自然休养和滋润，可以说集中了体内全部的精华向外吐露和迸发，品质自然很好，营养积累丰富，色泽翠绿。这时啃噬茶树的病虫都还没有成长发育，所以茶农不会对茶树喷施农药，这也决定了明前茶必定是所有茶品种中农残最少的，因为根本没有必要打农药。宜宾高山绿茶，香气清高,板栗香显,滋味浓厚鲜爽,条索紧结细直,冲泡后带栗香,汤色翠绿清澈明亮。茶有着如此强烈的代表性,是因为它有着深厚的文化底蕴、自身的艺术魅力和独特的品质特征。难怪品茗无数的北京人也不得不感叹:"吴裕泰公司已经和'宜宾绿茶'结下不解之缘,喝吴裕泰茶叶的人,有一种淡泊、一种清爽、一种平和,犹如涓涓细流,点点滴滴消融着长途跋涉中的心灵障碍,它实在是大自然给予人类的馈赠。"

　　客来宜宾茶当酒,宜宾春芽好绿茶。寻常一样三江水,寻茶千里到京华。"宜宾春芽"既是茶中的早熟品,也是不可多得的好茶。

著名茶山画家赵乃璐/创作

四、顾渚紫笋 盛世贡茶

当火红的小山花开遍浙江长兴县水口乡的山山岭岭的时候，秀美的顾渚群山，峰峦叠嶂，山花照人，在绿意弥漫、生机盎然的茶园里，仿佛会说话的茶嫩叶无时无刻地期待着新时代的"茶圣"来唤醒这片沉睡的茶园。也许是与茶有缘，也许是听到茶山的呼唤，吴裕泰专业团队从北京来，为了寻找好的顾渚紫笋茶。

在浙北长兴水口乡一个美丽的山村，吴裕泰的专业人员，开始了寻茶的艰难之旅。车子在蜿蜒盘旋的山路上不断地划着抛物线，路旁河水的哗哗声不绝于耳，顺着声响望去，那碧绿的河水撞击着河中的小岩石，幻化成白色的浪花，越过河面又融入了大流之中，在水深处又还原为碧绿之色，在春风中微微荡起了涟漪，河床中的大岩石探出了身子，露出了魁梧的身型，挑逗着流水往身上溅起了浪花朵朵。路旁的茶树一行行，山顶上沿着青草身子流下的清泉，湿润着岩石的背部，在阳光下闪着亮光，那路旁的小茶树，露出了灿烂的笑容，朵朵都是吴裕泰公司找茶人的希望，鸟儿在树上展露着歌喉，声声让人陶醉。

顾渚紫笋,其名高雅沉韵,因其鲜茶芽叶微紫,嫩叶背卷似笋壳,故而得名。顾渚紫笋茶产于浙江省湖州市长兴县水口乡顾渚山一带,早在唐代便被茶圣陆羽论为"茶中第一",陆羽《茶经》便是在顾渚紫笋茶园中写作而成。在唐朝广德年间开始正式成为贡茶。那时因紫笋茶的品质优良,还被朝廷选为祭祀宗庙用茶。斗转星移,600多年后,明末清初,紫笋茶逐渐消失,直至本世纪70年代末才被重新发掘出来。顾渚紫笋茶"随易而变",走入新时代。

"随易而变"缘于"顾渚紫笋茶"对继承创新发展中国茶产业的一份情,一种执著。吴裕泰公司看中"顾渚紫笋"对继承发展中国茶产业的新潜力,看中"顾渚紫笋"对茶文化和茶产业的一份难以割舍之情……"易",变化也。随易,则是随着变化而变化。此乃创新之道。

如何让茶圣眼中的名茶走进寻常百姓家,在吴裕泰人的引领下,开始了"随易而变"的创新历程。顾渚紫笋的茶山很怪,在村前屋后,小路旁,还有溪流边上,大片的不足几亩,小片的仅有几株而已,有些茶树在山林掩映下单薄的身影显得有些柔弱。不时还能看到合抱的红豆杉,更有不知名的名木古树罗布其间,给茶山增添了许多神秘的色彩。走了几片较小的茶山后,他们来到了最为得意的海拔355米的顾渚山上,走在其间脚底感觉着一阵柔软,一阵僵硬,僵硬的感觉是因为茶山间星罗棋布着风化不完全的岩石,那柔软的感觉是砂土上铺就的枯草所给予的。吴裕泰技术人员蹲下身子,轻轻拔起地面的枯草,露出短根下的砂土,面上的砂土细细腻腻的,其色灰白,拔开表土其下土壤有些湿润,其色浅黑。这种优良的土质十分适合茶树的生长。

"天子未尝阳羡茶,百草不敢先发花"这是唐代著名诗人卢仝发出的感慨!位于浙江长兴的顾渚山在唐时属古阳羡地区,宜兴紫砂壶的紫砂料就出自这个地方,古语云"金银在手,不如阳羡山头一丸土"。吴裕泰专业团队经过充分的调查研究,聘请浙江大学农学院进行土壤分析,证明顾渚紫笋的茶芽颜色与土壤中含有大量的紫砂呈正相关,越是嫩的茶芽,其对养分物质的吸附能力越强。这一发现让孙丹威激动不已,她终于明白了为什么前后有28位湖州刺史到顾渚山来督茶,这其中不乏像裴清,颜真卿,杜牧等这些名垂青史的人物。这些地方大员每年立春后十五日进山,到谷雨后方可出山,只为一杯好茶。

秀美的顾渚山茶树很怪,它们东一棵、西一棵无序地生长着,高矮胖瘦也不见相同。树形稍大的有一米多高,有些树形矮小高不及膝,大部分茶树的冠面只有四五十公分。但是不管它们的冠面多大,其枝条却依然是较为细小,边上的许多软枝垂落到了地面粘上了泥土,有些竟长出了新根,这些小生命还真是幸福,它们可以一边吸收着大地的给予,一边享受着母爱。山上星罗棋布着小石头,而大块的石头也数不胜数,那些可以移动的石头,茶农将它们垒在了大石头之上,不知情的人还以为那是在布着什么奇门八卦。有些茶树就是从石头下长出来的,它们弯着腰探出了脑袋,迎着阳光沐着雨露顺势向上伸长,有些茶树是从石头缝隙里长出来的,别看它们身材纤瘦,却在此地屹立了不知多少个年头。

长兴县顾渚的群山之中,周围翠竹盈绿,绿得沁人心脾,仿佛有一种绿滋滋的气息往外冒,层峦叠嶂,云雾缭绕,虚实变化的竹林随风摇曳,露出一丛丛与众不同的茶树林。透明的阳光,照在紫色的茶芽上,发出温润而柔和的光芒。吴裕泰专业人员站在茶园之上,顾渚山头,仿佛看到久远的年代,人山人海,万人采茶,千人烘焙,香气袭袭胜梅花,烘茶师制茶研茶的声音如同春雷滚滚,制好的茶叶马上交给驿骑,快马加鞭似闪电,日夜兼程,到都城西安,四千里行程,十天到达,不能耽误了皇宫的清明茶宴。

吴裕泰团队在顾渚山的考察中,竟意外发现这里与大名鼎鼎的西湖龙井产地距离仅150公里,虽然当地人们所做出的紫笋茶色香味比起龙井茶毫不逊色,但他们的生活水平远不如龙井村的茶农们那样富足,甚至有些窘迫。顾渚紫笋茶被列为贡茶,成为皇亲贵族们享用的传世饮品。也许就是这个"贡"字把顾渚紫笋茶锁进了

"深宫"，在许多茶叶价格随着市场经济的大潮不断跳跃翻着跟斗的时候，顾渚紫笋这个茶中昔日的"翘楚"却躲在茶山中一角，已经被人们慢慢的遗忘。如今，在茶历史的长河中，创造新时代茶叶传奇的吴裕泰人，一直关注着顾渚紫笋茶，为了掌握顾渚紫笋茶的历史脉络，吴裕泰技术团队多次下江南，走进大唐贡茶院。通过考察，他们得出了这样的结论：陆羽成就了顾渚紫笋的辉煌，顾渚紫笋也成就了史上最伟大的茶圣"我们来顾渚源，得与茶事亲"。

产于浙江省湖州市长兴县水口乡顾渚山一带。顾渚紫笋茶被茶圣陆羽论为"茶中极品"——"紫者上，绿者次；笋者上，芽者次"，可见其品质出众。自唐代起，更被选为贡茶，更见其珍贵。这便是胸怀天下的茶人精神，不畏高山，根植大地，努力生长，勤奋发芽，将自己最美好的身体——顶芽，任人采用，火烤水煎，忍受挤压，散香发味，周而复始默默地为人类作出无私的奉献！

陆羽是茶人，他为茶叶事业奉献了毕生的精力，皓首穷经，终于写就《茶经》，全文7118字，字字珠玑。这部划时代的经典，是理想与实践相结合的光辉巨著，是世界第一部茶学专著，是唐代中期关于中国茶事活动的总结，它对茶叶的发展历史、产地、功效、栽培、采制、冲泡、饮用的知识技术作了全面地阐述，北宋著名诗人梅尧臣有诗赞曰"自从陆羽生人间，人间相约事茗茶"。

一杯顾渚紫笋泡在玻璃杯中，还未品茗，茶香清香扑鼻，同时还伴有竹叶的香气。一阵淡雅的花香气扑面而来。新茶入口醇香回甜，令人不禁拍案叫绝，这是龙井、碧螺春这些鼎鼎大名的绿茶从未表现出来的香气。对于这个评价吴裕泰技术人员自豪地说：最早的紫笋茶没有一棵茶树是人工种植的，都是祖辈留下来的野生茶。

根据顾渚紫笋茶目前产业发展趋势，浙江仙露茶业科技有限公司与吴裕泰公司建立了茶叶多方位合作发展的战略构想，变单一茶叶加工为多元发展打造集种植、生产加工、体验、茶文化休闲旅游为一体的茶庄园模式。仙露茶业科技有限公司根据茶产业前沿发展趋势而变，确定研发茶叶领域和重点项目，把握住产业链关键环节,从源头抓茶园管理,打造生态茶园并建立了生态茶园基地安全控制标准体系;引进了全自动、清洁化加工生产线,质量技术标准达到国际先进水平,提高茶叶的附加值。顾渚紫笋茶随易而变,方显"壶里乾坤大"。

目前,吴裕泰公司在浙江长兴县水口乡拥有自己安全可控的茶园基地,引进国内外技术,立足"陆羽之地","顾渚紫笋茶"志存高远。目的就是要依靠合作伙伴和专家团队的力量,做好、做精"顾渚紫笋茶"。建立集茶叶种植、研发、加工、茶文化展示于一体的综合性茶文化示范基地。

古语云:天生丽质难自弃,品质优良曾引茶圣为其折腰、有着极高名望的顾渚紫笋茶缘何走向衰微,它经历了怎样的历史发展过程,这个课题曾让吴裕泰技术人员花费了巨大心血进行研究。翻开中国十大名茶名录,没有她;翻开近百年的中国名茶志,也找不到她的踪影。时光回眸,穿越历史,让我们回到大唐盛世,关于群臣共品帝王茶,那壮丽场面,无与伦比,无以复加,简直不可再现,一去不复返。

帝都近在眼前,皇宫内又是怎样一片忙碌的景象呢?"凤辇寻春半醉回,仙娥进水御帘开。牡丹花笑金钿动,传奏吴兴紫笋来。"这是唐代诗人张文规对当时紫笋茶到达宫廷时的生动描述,由于皇帝特别喜爱,所以一听到紫笋茶已经到宫中的消息,宫女们不敢丝毫怠慢,要在第一时间向皇帝禀告,即便是皇帝彻夜大醉归来。

唐代宗广德年间,公元765年,茶圣陆羽在今浙江长兴县顾渚山,慧眼识茶,力举当朝,大力推荐当地的紫笋茶,公元770年,此茶正式成为当朝贡茶,大唐正式在当地设立了中国历史上第一个皇家贡茶院。正是皇室的带动,上行下效,大大地促进了地方名茶的研究种植与加工,从而揭开了中华茶发展的新篇章,中华茶文化至此全方位地发扬光大。公元846年,顾渚紫笋的年贡额到达了18400余斤,占全国所有贡茶总额的一半以上,成为名副其实的"大唐第一茶"。这还不是最重要的,更重要的是顾渚紫笋还造就中国茶叶历史的第一个传奇,茶圣陆羽从这里走向全国。

长兴顾渚紫笋茶文化变迁,经过了一代又一代人的反复雕琢,使它凝聚得如此厚重、丰润和神秘。其中,佛教茶文化成为长兴的一个亮点。放眼天下禅林,通观名山大川,从长兴顾渚山里走出了一位唐代著名诗僧皎然,因其"熟知茶道全尔真,唯有丹丘得如此"之句,成就了中国茶道一段因缘。茶圣陆羽写《茶经》的成与败,皎然之智慧与汗水深深浸透在陆羽《茶经》里。

物换星移,星斗之变,在长兴禅茶文化的进程中,北宋长兴顾渚山,又走出一位高僧大德——净端法师。他先于长兴寿圣寺居住,又在长兴西余大觉寺开法,最后应宰相章惇之邀在其受业之地——长兴吴山寺弘法利生。净端法师无论在何地说法,他"上堂一盏茶、下堂一盏茶、斋后一盏茶"的禅修功夫,让顾渚紫笋茶与禅携手共勉,谱写了中国歌颂大唐贡茶院与赞美顾渚山茶园一篇篇充满禅韵的茶诗篇。

如今,顾渚贡茶院虽废圮,但院址遗迹依然可辨。长兴是"茶圣"陆羽茶事活动的主要场所。唐肃宗乾元元年(758年),陆羽辗转来到湖州长兴境内的顾渚山,见此处远离尘嚣,山清水秀,便隐居山间,一边感受顾渚山的幽远静雅,一边探水访茶,案前写就了世界第一部《茶经》。期间,陆羽独行山野茶园,采茶觅泉,评茶品水,也正是此时,长兴顾渚山的紫笋茶,被茶圣陆羽评为"茶中第一"。如今的大唐贡茶院,由陆羽阁、吉祥寺、东廊、西廊以及左右茶楼和茶宴厅等部分组成。院内吉祥寺与陆羽阁南北遥相呼应,寺内供奉着文殊菩萨;西廊展示的茶文化内容有名人典故、摩崖石刻等;东廊展示的茶文化内容有贡茶制作知识、品茗区域、宫廷茶艺表演等,充分反映了大唐贡茶院的历史渊源。

可以毫不夸张地说,是碧绿兰香的顾渚紫笋给了陆羽甘泉般的思绪,陆羽在其《茶经》开篇——"一之源"中说:"其地:上者生烂石,中者生栎壤,下者生黄土……阳崖阴林紫者上,绿者次;笋者上,芽者次;叶卷上,叶舒次。阴山坡谷者不堪采掇,性凝滞,结瘕疾。茶之为用,味至寒,为饮最宜精行俭德之人,若热渴、凝闷、脑疼、目涩、四支烦、百节不舒,聊四五啜,与醍醐、甘露抗衡也。"

如果时光在此时停留,顾渚紫笋无疑是茶叶皇冠上的明珠,中国茶史上的王者,因为那时中国现存的十大名茶根本没有出现,作为传统名茶的云南普洱尚在襁褓之中,铁观音、金骏眉等的横空出世更是1000多年以后的事情。

为什么从明朝到当今社会的1980年以前,顾渚紫笋的发展一片空白?为什么集万千宠爱于一身的顾渚紫笋从市场上彻底消失?……吴裕泰团队人员走进了一个个博物院,一座座图书馆,在翻阅了大量的资料,又经过大量的实物考证之后,她们得出了一个结论。

顾渚紫笋茶在明代洪武年间,也就是朱元璋当政时期,为了整顿当时的吏治,此茶一去不复返,舍身成仁了。话说,洪武十四年进士出身的欧阳伦迎娶了朱大帝最疼爱的安庆公主。当时,明朝为了控制西藩地区的马匹(最重要的军用物资),用江南地区的茶叶作为战略物资与之交换,茶叶,特别是顾渚紫笋这类的贡茶,是严禁私自倒卖的。但是驸马欧阳伦仗着自己是驸马,擅自闯关,走私茶叶,朱元璋知道这个情况,将欧阳伦抓来,不管任何人求情,为了官僚队伍的秩序,为了澄清吏治,大义灭亲,将之杀掉。并下诏令,从此废贡顾渚紫笋茶。茶叶本无罪,我们不能因噎废食,这么好的茶叶,吴裕泰公司一定要将其发扬光大。

目前,中国绿茶市场,特别是北京的绿茶市场,除了龙井、碧螺、黄山毛峰、信阳毛尖这老四样外,其余的传统地方品种,即使性价比再高也很难推广,对于大部分饮茶者而言,喝茶成为了他的一个嗜好,对茶叶品种的选择非常顽固,只选熟悉的,不选好喝的。另外,随着社会的高速发展,各种洋饮料、新式饮料,层出不穷,即使是再好的茶叶,不推广,不创新就很难在市场上赢得一席之地。

作为吴裕泰技术团队的领头人,孙丹威深谙中国茶的历史,对她而言,从踏上事茶的第一步开始,"尝百种茶,留平常心"就成了她不二的法则。中国茶的历史悠久,文人墨客嗜茶如命爱茶成痴的典故在孙丹威的口中如数家珍。但这种搭载了深厚文化内涵的特殊属性,却成为其品牌道路上的一道掣肘,造成了顾渚紫笋有名茶却无名牌的尴尬处境。在茶源的另一端点——茶农的生活意识中,茶叶仅仅作为经济作物,以及日常的饮品存在着,无需任何的文化附加,自己生产种植,一个小作坊即可生产、加工,既不需要工业化,也不需要品牌理念,这种认知的差异、需求的差异都造成了茶文化无法和真正的茶产业生产挂钩。面对这种貌似不可抗的尴尬处境,孙丹威长期思考与实践,习茶、研茶、评茶,从不间断。在她看来,一部中国茶叶发展史,就是中国商业发展和对外贸易史,据有关部门统计茶叶年创外汇的最高比例曾占据中国全部商品出口税额的80%以上。但是现在,中国茶叶的出口都是资源性产品出口,都是以大宗农产品的形式出口,仅仅是茶叶劳动力价值低廉的体现,毫无品牌价值可言。

吴裕泰公司一直有一个梦想,那就是让中国好茶以品牌形象走向世界! 2010年2月,他们争取到了千载难逢的机会,吴裕泰从上千家茶企激烈的竞争中脱颖而出成为上海世博会的特许生产商和零售商,并在中国元素场馆内承担中国茶坊的运营,推广茶文化。谁将成为上海世博会上的"茶中王子",吴裕泰公司身负重任,丝毫不敢怠慢,在保证企业特色的基础上,翻经阅典,一再考量,深入产地考察,反复选择审评,最终为世界茶客撷取了顾渚紫笋茶,将中国茶叶历史上曾经最璀璨的明星亮相于上海世博。

上海世界博览会是与北京奥运会齐名的荟萃至今世界最前沿的科学技术和产业技术与文化的盛会,吴裕泰公司将顾渚紫笋茶在这样的盛会上亮相,可谓光芒四射,震古烁今,就如同一个运动员在奥运赛场上实现一辈子的梦想。

茶香最怕巷子深,如果说茶行业是商潮中的一叶方舟,那么吴裕泰公司所做的工作则是其间掩藏在水泽之下的隐形推手。顾渚紫笋茶在短短的几年时间里能够快速发展,重新崛起,成为全国知名的茶叶品牌,吴裕泰选用传统与现代新旧媒体相结合的方式,微博直播,微信聚粉,纸媒体讲故事,音视频媒体作专题,几乎天天活动不断。吴裕泰位于王府井的旗舰店每到周末,就高朋满座,每年的谷雨节当天,这里都会举行"全民饮茶日"活动,推广中国名优级绿茶,顾渚紫笋列在其中。百年沧桑,展望顾渚紫笋茶的明天,我们热切地期盼顾渚紫笋茶能够再一次完美地转型,再一次华丽地转身,真正实现从"旧时王公堂前燕,飞入寻常百姓家",让更多的普通百姓欣赏它的芳姿,品赏它的清韵,唯有如此,才能最终保证顾渚紫笋茶健康持续地发展。

百草逢春未敢花,御花葆蕾拾琼芽。平生最爱芳丛芽,顾渚紫笋可堪夸。荈茗自有真滋味,吴裕泰里品好茶。

著名茶山画家赵乃璐/创作

五、枇杷花下 碧螺春茶

春雨如酥春茶浓青，又到了碧螺春茶上市的时节。作为中国十大名茶之一，碧螺春，以一个"绿"字俘获了多少资深茶客的心。除了洞庭碧螺春外表的碧绿，更包含了内在的"绿色"和"有机"。走进吴裕泰位于苏州吴中太湖洞庭西山岛（今金庭镇）的碧螺春生产基地，春意盎然，满目苍翠，茶香百里。真是"入山无处不飞翠，碧螺春香百里醉"。

苏州吴中区太湖西山岛历史悠久，从岛上俞家渡遗址出土的新石器时代遗物可知，早在6000年前的马家浜文化时期，西山岛已有人类居住。4000年前大禹治水过西山，留下禹王庙、禹期山等古迹。春秋时期西山因位于吴越之间，留有很多吴越争霸的遗迹，如当年吴王夫差携西施在此避暑、赏月，而留下了消夏湾、明月湾、画眉池。南宋年初，北方士族纷纷南迁，"郑和而后，中原云扰，乘舆南播，达人智士入山唯恐不深，于是乎，荒洲僻岛多为名流栖托之地"。

茶味香，碧螺美。在吴中区太湖西山岛，处处可见青山碧水，沿湖千余亩生态茶园湿地生机勃勃，仿佛一幅天然水墨画映入眼帘。百里花开，千里花香，数不清的蜜蜂从四面八方汇集到此，在这个弥漫着花香的茶园里，勤劳的茶农千百年来一直在这方沃土上播撒、传播、采摘茶叶的希望。碧螺春的茶果间作模式好处很多，我国古代劳动人民已经作过许多尝试，留下了宝贵经验。明朝《茶解》中说："茶固不宜加以恶木，唯桂、辛夷、玉芷、玫瑰、苍松、翠竹之间植，足以蔽覆霜雪，掩映秋阳！"可见古人已经十分重视茶树、佳木间作。

吴裕泰公司碧螺春茶园设在苏州市吴中区西山天王坞茶果专业合作社的碧螺春基地，是名副其实的花果之乡，枇杷、杨梅、橘子、银杏和青梅等果树间作于郁郁葱葱的茶树间，花果树覆盖率在70%以上。据研究表明，遮阴度达到30%时，茶树体内氮代谢明显增加，鲜叶中的蛋白质、氨基酸等含氮化合物的含量显著增加。遮阴后，芽叶嫩绿，叶质柔软，鲜叶中的茶氨酸、谷氨酸、天门冬氨酸、精氨酸和丝氨酸有显著增加，制成绿茶后滋味鲜醇。果树冬天为茶树遮蔽霜雪，夏天又为细嫩的芽叶遮挡骄阳，常年生长在一起的茶树与果树枝丫相伴，根脉相通，茶吸果香，花窨茶味，熏染着碧螺春的花香果味，造就了西山洞庭碧螺春茶独特的天然花果芳香，这是其他产茶地区仿制碧螺春所没有的。

西山洞庭山碧螺春的外观形状条索纤细，卷曲成螺，满披茸毛，色泽碧绿，俗称为"满身毛，铜丝条，银绿隐翠"。当年清朝康熙皇帝南巡至太湖时喝到碧螺春茶后赞不绝口，钦定茶名为"碧螺春"。洞庭山的碧螺春世世代代供皇家享用，碧螺春之所以成为贡茶，除了口感极佳，香气逼人，当然还有稀贵。1971年美国国务卿基辛格访华时，周恩来总理以碧螺春作为国礼相赠给贵宾。从此，洞庭东西山碧螺春茶以形美、色艳、香浓、味醇"四绝"名满天下。

"为了保护好我们的母亲湖——太湖，吴中区环太湖沿线的发展受到了很多限制，我们精心呵护着那份原始生态环境。生态环境是最大的生产力，太湖保护是财富而不是包袱！保护好太湖山水自然环境，就是一种重要的执政能力。"苏州吴中区区委书记俞杏楠说："我国是个产茶大国，迫切需要一种不造成环境土地退化，又能维护茶叶安全和生态需要的农业发展新模式。保护并不意味着不发展，吴中区创建了高水平的中国有机碧螺春茶园，小小两片叶，带动了苏州吴中区西山的农业、低碳、生态三张牌，让东西山的茶农真正受益于碧螺春茶。"

在吴中区政府的支持下，为了把种植茶树的低碳理念引入茶园，西山天王坞茶果专业合作社总经理沈四宝设计了一套完善的有机肥培育茶树系统，应用在西山天王坞茶果专业合作社的吴裕泰碧螺春产茶区内，山上茶园相连，山下流水潺潺；茶园之间，行行树木错落有致；靠坡梯壁，丛丛青草绿意盎然。一条条水管装在茶树根部附近，细小的水流浇灌着茶树。成片的茶树在丘陵上铺排，如碧波荡漾；茶树上方，是一张张小黄板，远远看去像大海中的风帆。这些小黄板叫生态灭虫板，吴裕泰公司基地茶园必备的装置。茶农把表面涂了胶水的小黄板挂在木杆上，再把杆子插到茶树间，可以灭除约90%的害虫，基本替代了化学农药，既不伤害茶叶品质，也不污染水土。目前，西山天王坞茶果专业合作社的茶园内使用太阳能杀虫灯和茶园病虫害情报分析仪，应用了碧螺春茶园有机种植技术，科学合理地使用生物农药。

在吴裕泰公司茶园每隔五米就有一棵行道树，他们按"山顶戴帽、腰间系带、山脚穿鞋"的生态茶园标准改造。种茶大户沈四宝的几百亩茶园间种了枇杷、杨梅、橘子、银杏树等。他说："过去说碧螺春茶树喜阴，我还有点半信半疑。通过生态茶园种树种果，可防水土流失，产出的茶叶品质更好，成本也低，用肥可省30%。新种的水蜜桃今年初挂果，明年进入丰收季，又是一笔很好的收入。"良好的水土保持，造就了茶园的怡人美景，青山入云，座座茶园点缀于山水间，犹如世外桃源。既保证了茶叶质量，又节省了每年购买粪肥的资金。沈四宝说："我们坚守着西山人民留下的这块圣地，把绿色有机茶叶生态实验田继续下去，是我们西山农业发展的方向，从源头上提升吴裕泰洞庭山碧螺春茶叶的质量。"为提升茶产业发展水平，吴中区积极鼓励茶叶生产从家庭作坊式经营向股份合作等方式化经营转变，组建了71个碧螺春茶专业合作社，为市场上人们可以买到货真价实的洞庭山碧螺春提供了渠道保障。

辛勤的付出终有回报，历经磨砺的西山天王坞茶果专业合作社的经理沈四宝从小围着茶山长大，对茶园有着深深的迷恋，对茶有着浓浓的感情，他无茶不喝水，要喝只喝碧螺春茶。怀揣着对茶的热爱，他毅然将主业聚焦到了吴裕泰公司这片世外茶园，要让那些祖祖辈辈辛苦的茶农致富，现在西山天王坞茶果专业合作社已发展成为集科研、种植、加工一体的综合性农场，通过规模化区域种植与管理技术，把企业与基地、茶农紧密联系在一起，使产业链不断延伸，做大做实有机茶园。

世界好绿茶看中国，中国好绿茶看碧螺春。如何保持洞庭碧螺春独特的种质优势，一直是吴中区农业局解决的课题。吴中区农业局长刘龙俊说，碧螺春茶在某种程度上就是一个活化石，数千年来它形成了三个极具意义的特点——最具历史的品种、最具特色的加工和最具文化的产品。直至今日，碧螺春茶依然完整保留了人们最早品饮它的那个年代的基因，现在人们在吴裕泰喝的碧螺春与几百年前的品质是一样的，不像有些茶叶已经改革创新，碧螺春就是一脉单传，最大的魅力就是"原汁原味"。

每年进入12月份，茶农们把存了一年的鸡粪、鸭粪、猪粪埋在茶树下面，使茶树在足够养分的保护下安全过冬。吴中洞庭山碧螺春产地始终实施严格的标准化生产和有机绿色食品生产，茶农在种植茶叶时只能施有机肥。走进苏州吴中西山天王坞茶果专业合作社的碧螺春茶园，便会看到三五成群的鸡鸭穿梭在茶园中。在茶园养殖鸡鸭，让它们在田间活动，可以疏松表土，促进生态茶园的营养成分的吸收，茶果兼种，养禽茶园，这种集种植养殖为一体的"绿色生物链"，实现了真正意义上的绿色、有机。

清晨天才蒙蒙亮，在吴裕泰基地茶山上便有人开始采茶了。"采茶时云彩多一点少一点、太阳光强一点弱一点,细微的天气变化对于产出的茶叶品质的影响就不是一点点。"这时候采摘的碧螺春最为珍贵,一个技艺熟练的采茶女一个早晨摘下来的青叶也不过是一二两。炒制500克特级碧螺春,需要7.4万颗芽头,历史上曾有一斤干茶达到六万颗左右芽头的极品!可见茶叶之幼嫩,采摘制作功夫之深。

茶叶生产可不是"采菊东篱下,悠然见南山"那么简单和浪漫,上好的洞庭山碧螺春需要上午采、下午拣、晚上炒,所有的工序都在一天之内完成,才能保证茶叶的鲜嫩和香气。碧螺春炒制堪称"原生态",一排排砖块垒起来的灶台,灶台里燃烧着的柴火是山里的各种果木枝丫,炒茶师傅们倚站在炉灶旁,在200多度的高温下赤手"手不离茶、茶不离锅、揉中有炒、炒中有揉,炒揉结合",要形成碧螺春"茸毛不落,卷曲成螺"的外形,炒制的整个过程大约需要40分钟,一锅只能炒三两左右。好茶全凭老师傅们多年的经验和敏锐的手感,因此优秀的炒茶师傅也和名茶一样金贵。洞庭山碧螺春茶纯手工制作,制作工艺已入选第三批国家级非物质文化遗产录。

人们仰慕碧螺春茶的美誉,而真正了解它的人却少之又少。吴裕泰茶艺师介绍,洞庭山碧螺春茶的冲泡和品饮方法与众不同,美感十足。通常泡茶,人们先放茶叶后冲水,而碧螺春茶则相反,先注水,后投茶,叫"上投法"。而茶在杯中,观其形,可欣赏到犹如雪浪喷珠、春染杯底、绿满晶宫的三种奇观。碧螺春茶外形与人们传统观念中茶叶的样子相差很大,并且白毫越多品质越好。泡茶水温以80摄氏度为宜,随着嫩芽茶叶徐徐沉入杯底,瞬间"白云翻滚,雪花飞舞",展开的碧螺春芽叶仿佛天上的翠云浮动,经过三四分钟,芽叶全部展开,碧玉色的茶汤和翠绿的芽叶交相辉映,浓浓的茶香透着独特的花果香气扑面而来。

洞庭碧螺春独特的文化内涵撩拨着时尚人士们对极品好茶的向往和想象。吴裕泰总经理孙丹威说,经过多年考察,苏州太湖西山的碧螺春科技茶园月月有花开,季季有果熟,天天有鱼虾,这样优越的环境在全国产茶基地也是很少见的。一千多年来的湖岛环境和人工选育,形成了洞庭山碧螺春茶特点。莺歌燕舞,杏花春雨的江南自古为佳人才子的精神故乡,江南这片诗意的土地不仅养育了一方人,也培育了蜚声国内外的碧螺春。"碧螺飞翠太湖美,新雨吟香云水闲",静观叶片在杯中上下飞舞,宛若春日絮飞,一杯碧螺春,江南烟雨一壶收。

百草茶为先,曾寻碧螺春,收时谷有莺,采撷春山芽,轻嫩如松花,冲开香满室,研通太湖美,众口皆称佳。

著名茶山画家赵乃璐/创作

六、黄金一号 奢华之味

　　四面青山绕，一城碧水流，花环树绕中，鳞次见重楼。在地球的北纬28度，在中国湖南，有一方沸腾的土地，有一个美丽的茶园，这就是吴裕泰公司湘西保靖"黄金一号茶产地"。春意盎然的日子，正是黄金绿茶出芽的时节。站在茶树园里，满眼的新绿，氤氲的清香，让人心旷神怡。

　　山上的雾气随着太阳的升起渐渐散去，每天晚上的寒冷，收紧了枝干的茶树，在阳光下舒展开枝叶，根系不停吮吸着土壤里的营养，通过光合作用合成大量的氨基酸和茶多酚物质。那小小的芽尖，鹅黄似绿，亭亭玉立于枝头。每年一到采茶季节，黄金寨漫山遍野都是穿红着绿的少数民族采茶姑娘，她们采茶的动作如蝴蝶一般在茶树上下飞舞，一片片嫩叶子，一颗颗小芽头，一双双纤巧手，将最柔嫩的芽叶摘下来，放到篓子里。阳光已经散开了云雾，山头传来采茶姑娘的欢声笑语。为了防止茶叶受挤压，影响成茶的品质，盛放茶叶的工具都是茶农们自己亲手编制的小竹篮，一般要选用透气性好的，而且要轻采轻放。采好一篮及时放到阴凉的树下，以防阳光暴晒。茶叶运到山下的路程需要两个小时左右，鲜叶送到工厂加工,要摊晾几个小时,然后趁着茶青叶新鲜,分好叶子的好坏,当天采下的鲜叶一定会在当天炒制成新茶。

黄金一号这款茶的出现,是和"黄金一号"清新的茶气一样的"鲜",甚至可以说"黄金一号"的出现,承载着吴裕泰公司爱茶人找茶人孙丹威的圆梦过程。追求鲜嫩的品质是"黄金一号"这款茶与其他类茶的本质区别,因为它有别于中国传统的杀青制茶工艺,原料新鲜,快速杀青,全程低温干燥做形,所以最大程度保证了茶叶的鲜香绿和茶本身最有价值的有效成分,保留了较多的叶绿素、蛋白质、氨基酸、芳香物等内含物。

"黄金一号"具有"三真""三绿"和"一爽"的特质。干茶外观墨绿油润挺秀似针,保持着鲜青的真色、真香、真味,这"三真"之外,还有"三绿":干茶墨绿、汤色碧绿、叶底翠绿,"一爽"——独具海藻香,滋味甘醇爽口。形成了"三绿一爽"的品质特征。黄金绿茶色泽翠绿,汤色黄绿明亮,香气馥郁,口感独特,这种特异的茶树品种具有高氨基酸、高茶多酚、高水浸出物的"三高"特点,其中氨基酸含量最高可达到7.47%,是同期其他绿茶的两倍以上。茶多酚含量同样也高达20%以上,水浸出物含量更是近50%,黄金茶乃山茶,是纯天然有机绿色保健饮品,其品质以"香、绿、爽、浓"著称,被誉为"中国最好的绿茶之一"。据《本草纲目》记载,黄金茶具有清热解毒之奇效,民间历来将其作为清凉解暑、健身消食、治胸腹胀痛、除烦躁咳嗽的良药有"驱感灵丹""解暑神茶"之称。

据《明世宗嘉靖实录》记载:明朝嘉靖十八年(1545年)农历四月,湖广贵州都御史陆杰,从报警宣尉司(今保靖县城迁陵镇)取道往镇溪(今吉首市)巡视兵防,途经保靖辖区的鲁旗(今保靖县葫芦镇)深山沟壑密林中,一行百余人中,有多人染瘴气,艰难行至两岔河苗寨,染瘴气人已不能行走,苗族向姓家老阿婆,摘采自家门前的百年老茶树叶沏汤赠与染瘴的文武将士服用,饮茶汤后半个时辰,瘴气立愈。陆杰十分高兴,当场赐谢向家老阿婆黄金一两,还将此茶上报为贡品,岁贡皇朝帝君。从此时开始，黄金一号茶在市场上就有"一两黄金一两茶"的尊贵身价。一种自然生长在苗家深山之中的无名茶树，便有了"黄金茶"之名，该苗寨也因茶而名为"黄金村"。清《保靖县志》亦记载：清朝嘉庆年间，某道台巡视保靖六郡，路经两岔河，品尝该地茶叶后，颇为赞赏，赏黄金一两，奉为贡品。现该村仍有数百年生的大茶树。

2014年4月，湖南省保靖县黄金茶拍卖会上，二两保靖黄金茶拍出了9.8万元的高价，也就是每克卖得人民币980元。而当日国际黄金现货价格的卖出价为人民币307.84元/克。一克保靖黄金茶的价格超过了同等重量黄金的三倍，成为中国绿茶杀出的一匹"黑马"。

保靖黄金茶是经过长期自然选择而形成的有性群体品种，属群体遗传，遗传基因复杂，有多种多样的基因型和表现型，有许多具有特异性的优良单株，加工的茶产品兼具"香、绿、爽、浓"的品质特征。经考证，位于黄金桥的黄金茶古树属乔木型大叶类品种并与3500万年前的景谷宽叶木兰在物种遗传学上存在一定的亲缘关系。黄金茶是特色明显的珍稀茶树品种。

我国是世界茶树原产地、世界第一大产茶国，是茶树品种资源最丰富、茶叶品类花色最齐全、名优茶数目最多的国家。自古以来，名茶外形千姿百态，香气滋味风味各异，如果您亲临神秘湖南湘西、山水保靖，您一定会被中国极品绿茶——保靖黄金茶无穷的魅力所深深吸引！吴裕泰公司出品的"黄金一号"茶出自湖南茶科所的下属企业——湖南天牌茶业公司。孙丹威说她第一次见到"黄金一号"茶，就被它深深吸引了，看着它叶形纤细如眉，绿色的叶面上泛着一层光泽，一看就是出自高山名门，身份十分高贵。凑近闻一下，有着浓郁的绿叶茶香。中国人喜欢绿茶，是喜欢它的鲜爽清冽，它是春天的使者，能够唤醒人们对春天的热爱和对美好的向往。

一片小小的茶叶，以高贵的气质在茶叶舞台上出场，因为它有资本，而"黄金一号"茶最大的资本就是加工简单，让人喝一次就会爱上"黄金一号"茶。湖南湘西保靖县是国家级贫困县，全县70%以上人口都是苗族和土家族。而黄金茶的原产地葫芦镇傍海村属于特困村，曾被列为湖南省政府办公厅扶贫项目。这个贫困山村的小学总共有四个班级，从学前班到四年级共六十名学生。作为一名找茶的人孙丹威一走进学校，看到孩子们在一间破旧的校舍读书，顿时惊呆了。朗读的声音响亮整齐，她循着阅读声走去，看到他们歪坐在木纹裂开的板凳上，板凳随着阅读声发出吱吱呀呀的声响，孩子们的小手被冻得红红的，起了皱，小脸蛋也有了冻伤，可他们的眼睛是那样的明亮清澈，宛如一池清水，她当时就被感动了，马上捐出了自己随身携带的1000元钱，给孩子们买书本和学习用品。为了履行企业的社会责任，为少数民族茶农的后代做点实实在在的事情，后来，孙丹威再次来到保靖，这次的目的只有一个，那就是捐资助学，孙总带着公司工会主席和优秀党员把五万元现金和100个书包，100个铅笔盒，以及公司员工捐献的百余本课外读物，交到了保靖县葫芦镇傍海小学的校长手里。孙总勉励孩子们好好学习，认真读书，长大后建设祖国，建设家乡。

在中国没有一个地方能像湖南湘西一样，能够把城市的美好、山水的自在、延续千年的湘西文化底蕴，汇聚到一壶茶中。都说自古湘西出好茶，真正到了这方土地，才能感受到这里气候、环境、土壤和水的独特，才能感受到与生俱来的天然资源与先决要素对于好茶的重要性。湘西在沈从文的书里，经由他的笔，保靖县已经流淌进了许多人的向往里，在黄永玉的画里，在这芬芳的"黄金一号"茶里！这些耳熟能详的文化名人名茶正出自这一方神秘山水。果真是"唯楚有材，于斯为盛"。

吴裕泰的专业团队，一直想再好好地品一品这里的奇山异水。一入湘西保靖县，南方山水特有的湿润之气便扑面而来。当地不少居民和建筑还极大地保留着土家族苗族文化的鲜明特色——绚丽的色彩搭配，古朴的楼舍瓦沿，还有清晨背着"小背篓"去采茶的当地老人，都与湘西的山水融合为一体。这一切，让刚刚远离城市喧嚣的人们忽然间感到一种心理深处的轻松与欢愉。在少数民族文化的氛围中，"密域"这个词，不由自主跃入脑海。民风彪悍淳朴兼而有之，自成一派，浑然天成。

在湖南湘西，人们相信拥有一种超越自然的神秘力量，他们崇尚祭仪，祀神歌舞千年不衰。连这里诞生的名茶"黄金一号"，都追求着一种自由洒脱的人生境界，兆示着一种人与山水对话、与自然融合的精神状态。个中妙处，只有在湘西本土神话传说浸润中长大的人才能陶醉崇拜。古代湘人把清泉的甘洌、丰收的喜悦、激情的火热糅合酝酿在一起，捧出馥郁芳醇的"黄金一号"茶，以表达对"超自然力量"的敬畏和诚意，把好茶称为"神鬼之茶"。几千年的历史变迁，那流传在民间不可思议的神话传说，那保存完好的图腾和文化，那鬼斧神工的溶洞和喝茶器皿，被黄永玉大师一个"好茶仙"的命名设计所包容。果然除了"好茶仙"，世界上没有任何一个其他的词可形容这样的山水里孕育出的"黄金一号"好茶。

黄金一号要在每年清明前一星期开采，采期为半个月左右。鲜叶要求单芽或一芽一叶初展，芽叶大小一致，细嫩一致，不采虫伤和紫色叶，不采雨水叶空心叶，不带鱼鳞片。鲜叶在炒制之前，应选择阴凉通风的地方适当摊放，这个过程可以适当蒸发部分水分，使杀青容易，节省燃料。在摊放的过程中，茶叶中的内含物质也会悄然发生变化，例如蛋白质会发生水解，分解成氨基酸，使茶的滋味更加鲜爽。从那些摊放的鲜叶边走过，能闻到一股新鲜的青草气，这种味道让湘西保靖这座小城的四月变得清香宜人。

吴裕泰茶叶专业审评人员孙倩说，"黄金一号"茶摊放的厚度、时间等要根据鲜叶含水量及天气状况而定。一般来说，晴天茶叶的含水量较低，可适当摊放厚一点，时间为4—6小时；雨天茶叶表面水分较多，应该薄摊，时间也可略长一些，一般为10—12小时。杀青是"黄金一号"茶制作的重要环节。在保靖县的生产车间有几口磨得铮亮的铁锅，是专供杀青时用的。烧锅用的燃料最好是松枝，锅温控制在200—220摄氏度之间。一般来说，一口锅里投放的鲜叶大概有1.2斤，鲜叶下锅后,要勤翻勤抖,先焖炒后抖炒,抖焖结合。另外,杀青时火力要均匀,先高后低,不可忽高忽低。杀青时间是两至三分钟,到叶色变暗,叶质柔软,发出清香,即可出锅摊晾。农谚道:耳听锅内沙沙响,眼看色变叶无光,手握叶软略黏手,先嗅杂气散,后闻茶清香,指夹茶梗折不断,方称'头锅'炒到堂。特别是好的"黄金一号茶",在加工的过程中其内含物发生变化,能减弱喝茶时的苦涩感,茶叶功能有所变化,其滋味鲜浓醇厚,更易上口,这也是北方人喜爱喝吴裕泰公司"黄金一号"茶的原因之一。

目前,我国有近四亿人有饮茶习惯,年轻消费群体还在逐步增加。一些白领在办公室里也鼓捣着各种茶叶泡法,研究着自己心目中的茶文化。吴裕泰公司推出"黄金一号"茶规格小巧、风格朴素、别具创意的产品受到市场青睐。孙丹威说,喝茶有益身心健康,但必须找到适合自己的茶。她建议,喝茶应该成为生活里的平常事儿。茶消费切忌盲目,也不要胡乱跟风,需要根据自己的经济条件、身体状况,买适合自己的茶,绝不是越贵越好,越名牌越好。孙丹威感叹,虽然现在有很多人是茶叶的忠实消费者,但有些人喝茶只是追求名气,有些人买茶只看价格,他们喝的茶可能都不是适合自己的茶。孙丹威建议,如果是爱茶之人,应该主动去多了解不同茶叶的茶性,并根据自身体质挑选适合自己的茶叶,或者根据身体健康情况,选择合适的茶叶饮用。另外,出于安全考虑,倡导大家购买包装茶,可追溯,更放心。各种春茶上市时,消费者可以多尝尝不同的品种,这样才能找到自己真正喜欢的茶叶。

我国茶区辽阔,浙江、湖南、四川、安徽、福建、云南、湖北、广东、广西、江西、贵州、江苏、陕西、河南、山东、海南等多个地区的900多个县、市均产茶。而茶区所处地域地形复杂,气象万千,有山清水秀的东南丘陵,有群山环抱的四川盆地,有云雾缭绕的云贵高原,更有恒夏多雨的海南。现在中国茶区为了便于实现科学种茶,将之划分为四大茶区,分别是西南茶区、华南茶区、江南茶区、江北茶区。如果您有机会,不妨亲自去湖南湘西保靖县吴裕泰公司茶基地看看,把茶叶的生长环境留在记忆里，平日喝茶时想必能有另一番感受。

　　作为一个找茶人，一个饮茶人，吴裕泰总经理孙丹威曾品饮过国内外无数种名优绿茶，"黄金一号"茶具有"高氨基酸，高茶多酚，高水浸出物"和"香、绿、爽、浓"的品质特点，令人喝过一次就永远难忘！捧这样一盏春茶，心情已是"满城春水满山茶，一片春意在眼前"。

　　年年常作采茶人，去入云山最深处。深山春暖吐新芽，家家户户小背篓。背上蓝天来采茶，筐携日落共还家。

著名茶山画家赵乃璐/创作

七、享誉京城 西湖龙井

每年春暖花开的时候，除了各种绽放的春花被人们所迷恋，飘着清香的春茶也在无声地提醒人们春天来了。对于茶叶的经营者们来说，春茶还意味着巨大的商机。这时的杭州是出产中国十大名茶之首的西湖龙井的产地，寻茶问茶的人纷至沓来。

明前龙井采摘期间最适宜的温度是20摄氏度，过了这个温度，茶叶就长得过快了，品相不好看不说，味道也差一大截，对于这种舌尖上的名贵饮品来说，一点都不能含糊。真正爱茶、爱喝茶的人如何能喝到一杯上等的好龙井已经是很多人早已无法忽略的一个问题，然而，即使是在如此急功近利的经济形势下，吴裕泰公司也依然还在坚守着茶人之道，每年春季都有专业人员亲自到西湖龙井茶园基地，为北京人选茶，把关。孙丹威的忙碌是出了名的，她一年中有多数的时间，要奔走于全国大大小小的茶产区，可谓风尘仆仆。她目光中的每一片茶叶，都充满热情和生机。

每年的三月中旬，吴裕泰的专业团队都会亲赴茶园，"蹲守"20多天，把关当年的明前西湖龙井茶的生产、采购。在这里，吴裕泰有常年的合作伙伴，只有原产地才能保证种植采摘的是最原汁原味的西湖龙井，从这里，每年有数百斤的西湖龙井明前茶空运到北京，这些茶很快就会在上市一段时间内销售一空。在北京的明前茶市场，吴裕泰公司的市场份额很高，也正因如此，吴裕泰对于茶庄开年头一茬儿新茶的产销格外重视，每一斤飞往北京的茶叶都经过吴裕泰专业人员现场亲自把关。除了原产地这一条外，对于明前西湖龙井，炒茶这一环节也是至关重要。火小了，水分烘不干，香气出不来，色泽也不好；炒得火大了，茶上带着糊味儿，"过火"的茶叶因火味重就品不出西湖龙井茶的醇香了。

午夜时分，吴裕泰的专业人员，仍在质检室一斤斤地仔细分辨着收上来的明前龙井茶。整整收了三天，够得上精品级别的明前茶也就100来斤。尽管北京总部那边已经催了好几次货，同行的明前茶也都上市了有一周多时间。但在吴裕泰公司杭州茶叶生产基地，还是不紧不慢地让工人们做着"醒茶""收灰"这两道工序，保证西湖龙井茶的醇香味。在可谓"一寸光阴一寸金"的明前茶市场，他们的坚持多少有些不合时宜。不过，在这位做了一辈子茶叶的老茶人看来，明前茶过早上市并不见得是好事。"传承上千年的明前西湖龙井的采摘时机是经过数几代人实践检验才总结出来的，最早不意味着最好！"

四面环山、只有一条山路通向山外的龙井村远远看上去就像一口井，这里产出的茶叶也因此得名"龙井"。顺着山路蜿蜒而上，狮峰山下一眼刻有苏东坡手书"老龙井"的龙头泉至今还在汩汩流淌着甘泉。当年乾隆皇帝六次下江南，四次来到西湖龙井茶区观看茶叶采制，品茶赋诗，并将"老龙井"旁的十八棵茶树封为"御茶"，令西湖龙井名声大振，跃居十大名茶之首。吴裕泰销售的西湖龙井属于西湖龙井原产地一级保护区的核心区域，茶园中生长的茶树正是乾隆御赐的十八棵御树的"嫡亲"，是最能体现西湖龙井原真性的品种。

长久以来，龙井村的茶香令无数爱茶之人流连忘返。50多年前，毛泽东主席就曾到这里采过茶。毛主席一生嗜爱饮茶，尤其喜爱西湖龙井。1963年4月

28日，毛主席到龙井村品尝西湖龙井时，面对一片碧绿的茶园，兴致勃勃地亲手采摘西湖龙井茶。采罢的茶叶经过现场炒制成干茶并用新煮的虎跑泉水沏好，毛主席边品尝边称赞："虎跑水泡龙井茶天下一绝。"这片茶园如今仍在源源不断地为北京消费者奉上最正宗的西湖龙井。吴裕泰公司将杭州虎跑泉的水运到北京，让消费者能够在吴裕泰买到主席当年采茶、品茶的茶园所产出的茶叶的同时，用正宗的虎跑泉水泡上一杯，从茶到水都品尝到当年毛主席称赞的"天下一绝"的名茶。

　　如果有一个好地方是地球上的天堂，那么其中之一就是龙井村。龙井村得天独厚的优越地理条件和自然环境造就了西湖龙井茶卓越的品质。龙井村地势北高南低，茶区上空常年凝聚成一片云雾，雨量充沛，土壤肥沃，具备茶树生长的极佳条件。尽管茶山上许多茶树已经冒出了嫩芽，可采茶的人还是只有星星点点。原来，清明前气温普遍较低，茶树发芽数量有限，能达到采摘标准的产量很少，尤显明前茶的珍贵。明前茶其实并不是越早越好，在古代杭州四季分明，冬天严寒、夏天酷暑，明前茶都是进入四月之后、清明之前才能够开始采摘，因为这时的茶叶都是经历一个寒冷冬天滋润、养精蓄锐之后才生长出来的，少受虫害侵扰，茶叶滋味纯正。现在一方面由于气候变暖，一方面是由于部分茶区运用一些科技手段改良出一批早熟茶树品种，明前茶上市的时间才比过去提早了许多。刚刚进入三月时，吴裕泰的专业人员，每隔几天就要来产地一次，一直密切关注着明前茶的生长状况。"今年天气不错，但快到采摘时节时杭州接连下了十几天的雨，刚刚露头的茶叶很多又缩了回去。采下来的20斤茶叶香气没有达到吴裕泰公司特级明前西湖龙井的标准，既然已经在京城错过了最早上市的最好时机，我们绝不能让消费者感到茶的香气和去年不一样。"吴裕泰技术人员就是这样为消费者把关。

　　"院外风荷西子笑，明前龙井女儿红。"这如画一般的诗句，堪称对西湖龙井茶的绝妙写真。西湖龙井茶始于宋，闻于元，扬于明而盛于清。在这一千多年的历史进程中,西湖龙井茶经历了从无名到有名,从老百姓饭后的家常饮品到帝王将相的贡品的变迁。对于西湖龙井茶的品性,清代品茶名家曾经如此赞誉:"甘香如兰,幽而不洌,啜之淡然,看似无味,而饮后感太和之气,弥漫齿颊之间,此乃至味也。"杭州西湖龙井茶为何会形成如此独特的品质呢?这与当地特殊的气候条件有着"剪不断"的联系。西湖龙井公司老茶人戚国伟介绍说,西湖龙井茶根据产地可以分为狮、龙、云、虎、梅五大产区。其中吴裕泰的西湖龙井主要来自龙井村。若要茶叶的产量高、品质好,除去具有优良的品种、精湛的采制技术之外,还需要具备优越的气候和土壤环境。鲜叶质量的好坏受到降雨量、温度、风力以及日光条件的影响。

一般来说,年降雨量在1500毫米到2500毫米比较适宜茶树的生长,而最适宜其生长的气温在10—20摄氏度之间。俗语称"云雾深处出名茶"。西湖龙井种植在山区之中,种植地与钱塘江毗邻,因此,当地的空气湿度较大,云雾较多,这也是造就其优良品质的另一个气候因素。由于这一气候优势,使西湖龙井茶的氨基酸含量高,而相对茶多酚含量低,因而茶叶鲜嫩、口感清爽。此外,茶树品质也与其所扎根的土壤条件关系密切。西湖龙井植根于红壤土之中,土壤为沙质,透气性较强,有利于茶树生长。而红壤土中有机质含量也比较高。除了采摘期气温适宜之外,冬季较为温和的气候特点也对茶树的生长起到了"保护"作用。在冬季,浙江大多数年份的最低气温都在零下七度以上,出现冻害的几率较小,有利于茶树安全越冬。

龙井茶采摘时间的早晚在一定程度上决定了其上市时的品质和市场价格。在清明时节采摘的茶叶叫做"明前茶",谷雨节气前后采摘的茶叶叫做"雨前茶"。民间有"雨前是上品、明前是珍品""早采一天是宝,晚采一天是草"的说法。采摘时间较早的特级茶与采摘时间偏晚的茶叶价格相差悬殊。在气候变暖的影响下,由于温度较往年偏高,茶芽生长速度便会相应加快,因此,特级茶以及一级茶采摘时间也就相对缩短,对龙井茶的上市后价格有直接影响。

西湖龙井茶孕育于西湖秀丽的湖光山色之中,生长在得天独厚的自然环境之间,凝西湖山水之精华,聚中华茶人之智慧。它以色绿、香郁、味甘、形美"四绝"闻名天下,有"百茶之首""绿茶皇后"的美誉。其优异的品质特征源自西湖独特的自然环境、品种资源和炒制工艺。除了特殊的地理位置和气候外,西湖龙井茶独特的制作技艺为提升茶叶品质发挥了关键作用。

西湖龙井茶的整个制作过程精致细腻,全靠手工完成。一般制作西湖龙井茶需经过采摘、摊放、青锅、摊凉、辉锅、分筛、挺长头、归堆、收灰等工序,看似简单,却蕴含着无穷的智慧。其中"青锅"和"辉锅"两道工序是整个炒制作业的重点和关键。青锅是指是将摊放后的鲜叶放入锅中,用手将其炒干,初步定型的过程。当锅温达100—120摄氏度时,在锅内涂抹少许炒茶专用植物油,投入一定量经摊放过的鲜叶,以"抓""抖"手法为主,散发一定的水分。辉锅时,需将回潮后的茶叶倒入锅中,用手将茶炒干、磨亮,完成定型。通常是四锅青锅叶合为一锅再进行辉锅,锅温分低、高、低三个过程,手法压力逐步加重,炒至茸毛脱落,光滑扁平,透出茶香,折之即断。西湖龙井茶经过炒制后,叶片含水量从75%左右减少到6%左右,成为外形光洁、匀称、挺秀、扁平、整齐的成品干茶。一般情况下,500克特级西湖龙井茶的炒制需要近八小时左右,吴裕泰西湖龙井茶的制作过程像是在雕琢一件精美的艺术品。

西湖龙井作为十大名茶之一,色绿、香郁、味甘、形美,每斤都需要使用几万个清明节前的茶叶嫩芽,在吴裕泰公司的生产基地,几十位炒茶师傅正在炒制刚刚采摘下来的西湖龙井青叶。碧绿的茶叶在炒茶师傅手中翻腾,空气中弥漫着西湖龙井特有的嫩栗香气,泡上一杯新鲜的西湖龙井,茶叶片片匀整光滑,茶汤鲜绿明亮,香气四溢。清饮一杯春天里的西湖龙井,品其味甘爽清醇,观其形赏心悦目,令人回味无穷。西湖龙井茶不仅汇色、香、味、形"四绝"于一身,更是集名山、名寺、名湖、名茶于一体,构成了世上所罕见的独特而骄人的龙井茶文化。

每年一进入三月份,就会有顾客打电话来询问吴裕泰公司的明前西湖龙井茶的上市时间,光是北新桥店面怎么走这个问题,有时店员一天都要回答很多遍。有些顾客甚至从外省市开车过来,就因为害怕托朋友代购延误了品茶的最佳时间。明前茶之所以珍贵,是因为清明前后气温普遍偏低,茶树发芽数量有限,能达到采摘标准的产量很少,清明前后的西湖龙井价格能够相差十几到几十倍,所以才会有"明前金,明后银"一说。

西湖龙井茶是最为广大消费者认可的名茶之一,它的诸多保健作用深深吸引了众多茶客。龙井所含抗氧化剂有助于抵抗老化,可以算得上是人体自由基天然的清除剂。西湖龙井的儿茶素对引起人体致病的部分细菌有抑制效果,多酚有助于保护消化道,防止消化道肿瘤发生。同时用西湖龙井茶漱口可预防牙龈出血和杀灭口腔细菌,保持口腔清洁。专家们在动物实验中发现,西湖龙井茶中的儿茶素类物质能抗 UV-B 所引发之皮肤癌,想美白和预防感冒就要多喝西湖龙井茶。西湖龙井茶含有茶碱及咖啡因,可以瘦身减肥,而且西湖龙井茶中的咖啡因远比咖啡的含量少,对人体的刺激性较咖啡小,这对女性尤其有吸引力。

一片茶叶从孕育到萌发,要经历无数的风霜雪雨,阳光沐浴,才能生长成茶,还要历尽摘、揉、焙、泡的煎熬。而我们每个人生命的曲折往复,更犹如杯中茶叶,无声舒展,淡然收尾,沉静、清苦,那味蕾上的涩涩清香,是生命的滋味,亦是茶的原味。在吴裕泰公司每一个工作人员都深知西湖龙井茶的特性,所以,他们对于西湖龙井茶也有着一份不同于很多龙井茶经销商的尊重。吴裕泰公司门店的销售人员除了会用流利的英文详细介绍西湖龙井茶的品质特征外,还会为顾客特别介绍西湖龙井茶的历史。他们觉得西湖龙井茶里有着中国传统文化的广博内涵,推荐给外国朋友也有利于吴裕泰公司西湖龙井茶的传播。西湖龙井茶历史悠久、文化底蕴深厚,从古至今许多名人名家都对其情有独钟。让拥有如此深厚文化和故事的西湖龙井为更多人所了解,是吴裕泰的光荣和责任。

天上有明星,地下有龙井。望远试登山,山高湖宽阔。郁郁茶山美,绵绵茶树长。看后无限情,相逢心里乐。

著名茶山画家赵乃璐/创作

八、贵州绿茶 秀甲天下

"江南千条水，云贵万重山。五百年后看，云贵胜江南。"这是明朝开国大军师浙江人刘伯温所作的预言，"三分天下诸葛亮，一统江山刘伯温"，这位奇人比诸葛亮更加能掐会算。在繁重的工作之余喜欢阅读并思考的孙丹威看到这首诗后开始浮想联翩：明朝的刘伯温为何作此预言呢？

他预言的又是什么方面的东西呢？肯定不是当今社会炙手可热的地产、汽车、信息等等事关GDP数字高低的时尚产业，明朝及清朝前中期，中国在世界上的地位可谓如日中天，郑和七下西洋向世界各国传递着来自东方古国的文明，丝绸、陶瓷、茶叶等物令人如痴如狂。

刘伯温会不会说的是茶叶呢？贵州不但多山，徐霞客说贵州"天下名山何其多，惟有此处成峰林"，而且多水，贵州泉水多汇成大大小小的瀑布，黄果树瀑布便是其中典型代表。曾在贵州龙场悟道得出"天理人欲，格物致知"的"无争议圣人"王阳明，在走遍了江浙皖赣等地后也郑重地说"天下之山，聚于云贵，云贵之秀，萃于斯崖"……

南方山崖必产灵草。作为百草之魁的茶叶，生长于贵州，其自然条件是很好的。带着这样的信念和判断，孙丹威和她的团队又走上了寻茶之路！

作为一个拥有近127年历史的茶叶老店，其实吴裕泰公司的经营者们完全可以摆一摆老资格，坐等买卖上门，等着产区的人进来推销茶叶就行了，或者只卖那老三样"花茶、龙井、碧螺春"，不苦不累也无风险，日子照样会过得很滋润。但吴裕泰的管理团队却不这么认为，就像当年在全国老字号同行业中率先搞老字号品牌加盟，茶叶产销用电脑联网管理一样，他们深知：只有创新才能前进，只有改革才能发展。

贵州作为一个产茶大省，贵州茶具有很大的市场潜力的。贵州在中国茶叶近代史上有着不可磨灭的历史地位：1939年国民政府在遵义筹建了中国现代历史上第一个茶叶科研生产机构——中央实验茶场，并由此推开了中国现代茶业的一扇大门；同样在抗日战争中，杭州沦陷，为了保留一批国家的知识精英，浙江大学全体师生在流亡中办学并于1940年到达贵州，在贵州办学的七年被誉为是浙大历史上最辉煌的七年，据不完全统计，李政道、程开甲、谷超豪、叶笃正等45位两院院士从这里走出，中国教育史的第一个重点茶学学科——浙江大学茶学系在这里孕育。

烈日炎炎的七月，吴裕泰公司开发团队来到贵州，一走进贵州的茶园，她们欣喜若狂，也开始逐渐相信刘伯温大军师的千年预言。因为，吴裕泰团队此次贵州之行是从杭州出差转道而来，此时的杭州高温奇热，酷暑难耐，而这里凉风习习，气温不过三十来度左右，真不愧是避暑天堂。更让孙丹威高兴的还是茶叶，几天下来，她们几乎是重走了当年红军长征时走过的贵州路，湍急奔腾的乌江两岸，突兀盘旋的赤水河畔，遍布着青翠欲滴的良种茶园。当然茶叶产量最大的还是在中共党史上有着浓墨重彩一笔，且永放光芒的遵义，据统计贵州全省的茶园面积已达600万亩，位列全国各省茶叶种植面积的第一位，而遵义这个地级市约占全省面积的三分之一。这些茶园不是滥竽充数，毁田种茶而拼凑起来的，而是因地制宜各有其特色，贵州毕节被中茶协命名为"中国高山生态有机茶之乡"；贵州普安被中茶协命名为"中国古茶树之乡"；贵州的湄潭和凤冈则分别被命名为"中国名茶之乡"和"中国富锌富硒茶之乡"等等，就其茶园特色和生态环境的清灵来讲在全国是首屈一指的。

地处西部高原山区的贵州，凭借"幽深不见人，苍翠万千里"的自然地理条件，造就了中国绿茶种植面积第一的地位。不过，茶香仍怕巷子深，贵州绿茶不算鼎鼎有名，缺乏叫得响的品牌，贵州省现有各种类型的茶树品种资源600余种，是目前中国保存茶树品种资源最丰富的省份之一。茶中有林，林中有茶，茶林相间，风景如画。

贵州地处云贵高原东部高原山地占89%，丘陵河谷盆地占11%，喀斯特地貌广布，为亚热带岩溶区崎岖高原，平均海拔1100米，贵州是茶树的原产地，是国内唯一兼具低纬度、高海拔、寡日照的茶区。原产地是最适宜茶树生长的区域，产品内在质量自然好。生产出的绿宝石茶被誉为"黄金纬度"的茶中经典，有"绿茶皇后"的美誉。贵州茶叶内含物质丰富，具有香高馥郁、滋味醇厚、汤色明亮等独特品质。名山大川、高山云雾出好茶，贵州高原就是一座大山，终年云雾缭绕，自然出产高品质绿茶。贵州茶叶最大的特点是耐泡，水浸出物含量远高于全国平均水平，我国绿茶标准水浸出物含量36%，而贵州历年来检出的茶叶水浸出物含量基本在40%以上，高达48%。另一个特点是鲜爽，绿茶氨基酸含量一般为3%—5%，高于全国平均水平一个百分点。贵州茶叶质量安全更有保障。高海拔气候特征使全省整体具有冷凉性，这种特性使贵州茶园的病害虫害，相对国内其他茶区发生的就比较少。贵州省有48%的森林覆盖率，是中国生物物种资源最丰富地方之一，生物多样性使得虫害天敌比较多，这也使病虫害发生的频率低。另外，贵州工业污染比较少，是中国为数不多的一片净土。贵州茶园完全可以做成中国高品质、生态安全的绿茶。

随着茶园考察的深入，吴裕泰总经理孙丹威在思考，贵州如此巨大的茶树种植面积，产量也应该非常大，那贵州茶为什么在全国茶叶市场上难觅踪迹？贵州人怎么嗜好饮茶，他们也不可能将每年十万多吨茶叶消耗殆尽吧？但为什么在北京很难买到贵州茶？每年，清明前后，各地茶人等就扛着大量的现金进入了贵州，这些商人分别划区分片,坐地收购茶叶,然后,将收上来的茶叶稍加整理,分别贴上龙井、毛尖、碧螺春等标签,分别发往全国各地,改头换面后名正言顺地销售了。

夜郎国,在汉朝时就是一个非常小的西南蛮夷小国,其国之臣民很少走出大山,更别说到过中原了。当时有汉使臣出使此地,其国君问汉使:"吾夜郎与汉,孰大?"这便是成语夜郎自大的出处。唐朝李白曾发配此地,有诗为证:"我寄愁心与明月,随风直到夜郎西",据考证夜郎国的都城现今坐落于贵州桐梓的夜郎坝,方圆不过十来公里,当地的茶农讲,中国当今的十大名优茶,"夜郎国"都可以生产,而且其品质也不在话下。

作为国家级非物质文化遗产传承人的孙丹威对贵州的茶园之行却生出了别样的感慨和思考。现代的城市人生活在钢筋铁瓦,灯红酒绿之下,人们对小桥流水,风花雪月般的古朴自然非常向往。大部分贵州人守着自己几千年来的习惯,自然缓慢的生活,不喜欢过多地改变,温厚的"传统",具体到茶叶上,贵州苗寨茶园采摘加工与其他的地方完全不同,以采茶为例,采茶者大都是本地人,她们工作时心地虔诚,心无旁骛,怀着丰收的喜悦,采过之后的茶匀整干净,完全没有受伤的痕迹,有些地方的采茶工像觅地过冬的候鸟,采茶人的心态像是匆匆的过客,采茶人的心态的不同,使得采摘下的茶叶好像形状和味道也完全不一样。应该说贵州茶从某种意义上来讲是100%原生态。

贵州茶还有其他产地茶无可比拟的内在品质,贵州的生态环境优越,用贵州省农业胡副厅长的话"高海拔、低纬度、寡日照、多云雾"。贵州的山地与丘陵占到整个面积的92.5%,是中国乃至世界上"喀斯特"地貌最多的省份,"喀斯特地貌"通俗的说法就是"岩石风化土质",举世闻名的六棵大红袍母树就生长在武夷山岩的"喀斯特岩石上"。可想而知,贵州茶所有的矿物营养元素比其他省份的茶叶高出一个档次。吴裕泰公司引进的"绿宝石"是贵州珠形茶的优秀代表,集成了贵州茶叶安全、生态、鲜爽、耐泡等主要优点。产品先后通过了德国以及香港SGS等多家世界权威检测机构的农残与重金属检测,400多项检测指标全部合格。孙丹威认为,"绿宝石"产品有特色、产业有基础、市场有条件,能代表贵州茶叶企业品牌,完全有可能做大做强。

绿宝石茶是"贵茶"公司的创新型产品,外形紧洁圆润,色泽绿润有光亮,如同一枚绿色的宝石。中国工程院唯一的茶学院士陈宗懋先生审评此茶后曾感慨:"我喝过一款绿宝石绿茶,可以泡七次,茶味还不淡。从我多年的品茶经验看,贵州茶叶品质已远远超过很多地方,包括西湖龙井等名茶。"陈院士说的仅仅还是香气和滋味等感官品质,贵州茶还有其他名茶连其"项背"也望其不到的地方,那就是营养矿物质元素。

大家知道,不同品种茶之间,茶叶所含的基本营养成分,大致大同小异。而锌硒等矿物质元素,则相差巨大,这主要取决于土壤的肥力。茶多酚、茶氨酸等茶叶营养成分,茶树可通过自身的代谢系统进行生物合成,而要想茶叶富含锌硒的唯一途径只能是依靠其根系从土壤中吸收。锌硒都是非常宝贵的物质,是人体必需的微量元素。硒是人体内的抗氧化剂,能提高人体的免疫力,在"降三高",防衰老,排毒素方面效果显著,而锌在人体的发育和防止流感方面有着独特的作用。吴裕泰的"绿宝石"茶产于中国"锌硒之乡"——遵义凤冈,这种茶的锌硒综合含量在目前世界同类茶中遥遥领先,这主要得益于产茶土壤的肥力结构。"喀斯特"岩溶地质中富有了大量的矿质元素,"石为矿之母",岩石风化为土壤后,其所含的锌硒就呈现为可被茶树根吸引的营养元素。孙丹威不愧为浙大茶学系研究生班的高才生,在继承老一辈"口传心授"的茶经要领的同时,也从各方面为新产品经营寻找科学的支撑,这便是她常常说的"传承而不保守,创新而不盲从"。

"'绿宝石'一经被发掘,一定会散出夺目的光辉。"孙丹威在对茶叶的判断上一向理性而坚定。贵州茶叶被定位于"品种最佳"是市场逐步开放近十多年的事情,这也正是贵州茶叶本身的写照。贵州茶集"价值高地"与"价格凹地"于一身,如此一来,外地茶商势必趋之若鹜。

2014年刚刚进入春茶季,吴裕泰公司十家连锁门店就开始进行贵州绿宝石绿茶的推介品饮。在吴裕泰门店,身着苗族服装的茶女为顾客推介这款来自贵州高原的天然绿茶。吴裕泰总经理孙丹威表示,贵州生态优良、贵茶品质优秀,吴裕泰公司与贵茶合作有利于双方资源优势共享、协同发展,这当然也是吴裕泰在北京启动"绿宝石"高原绿茶市场推广活动的原因。让老百姓喝上健康茶、放心茶是吴裕泰公司一直坚持的目标,不断为消费者带来全新的产品更是吴裕泰公司突破创新的追求。正因如此,每年春天,除如约而至的传统名优绿茶外,吴裕泰公司总能为茶客们带来新茶品让他们眼前一亮。

这些年在吴裕泰公司亮相登台的茶叶新面孔或是在历史上曾辉煌一时的传统品种,或是先进加工技术研制出的创新品种,抑或是在一片青山绿水之间刚刚被发现的名不见经传的新茶品、地方小众名茶或者量少稀缺的茶品。以前在北京市场很少见到的各色春茶一样样被摆上了百年老店吴裕泰的柜台,2014年贵州绿宝石便是其中之一。吴裕泰茶庄的顾客大部分是回头客、老主顾,有的家庭几代人都喝吴裕泰的茶叶;有的顾客离开了北京,仍坚持从吴裕泰公司邮购这里的茶叶,而之所以选择吴裕泰茶叶,关键就在于吴裕泰的茶叶质量始终信得过。孙丹威说,在实地考察过茶园生态后,贵州茶富含锌硒等人体微量元素的茶叶内质,符合越来越注重养生和健康的现代人,她认为,大打"健康、生态、有机"的牌子,必将会推动贵州绿茶成为市场的新宠儿。

吴裕泰公司在做茶的过程中,被贵州人世世代代坚守着的朴素而善意的"手工技艺传承"理念感动,贵州茶完全没有必要在"铁观音、大红袍"等一些目前的"顶级"现代名茶面前自卑,其实这些茶在突飞猛进的经济发展过程中,都会出现一种"后工业病症","西湖龙井"产区天天车水马龙,"大红袍"产区常常游客拥挤……所以换一个角度看贵州茶,这种落后恰恰是其希望所在,品质的保证。

贵州有许多您值得一去的地方,走遍大地神州,醉美多彩贵州……神奇贵州是山的王国,洞的世界,瀑的天下,湖的故乡。这些江水"雕"成的艺术品,正显示了"河神爷"的神威。

纤纤绿茶飘入水,静静碧波起狂澜。妙趣横生变幻起,佳茗贵茶显奇才。

著名茶山画家赵乃璐/创作

九、好茶不贵 黄山毛峰

面对千姿百态的绿茶，每个人会有各自不同的偏好，选择货真价实、口味地道的好茶却是每位爱茶人的渴求。吴裕泰明前的绿茶，新、稀、贵，吸引着很多人加入到明前名茶的追逐之中，不是所有的人都喝得起名、贵、新绿茶。北京各家市场上的明前茶质量往往也是参差不齐，很难有保

证，即使那些喝得起明前茶的人通常也难以鉴别。既然鱼龙难辨，有些喜爱春茶的人们就会把目光投向那些质优价低的"绩优股""潜力股"。比如"黄山毛峰"便是我国的十大名茶之一，外形微卷，状似雀舌，绿中泛黄，银毫显露，早期采制带有金黄色鱼叶，由于新制茶叶显毫，芽尖锋芒，且鲜叶采自黄山产区，遂将该茶取名黄山毛峰。

对于黄山毛峰，吴裕泰的掌门人孙丹威有着特殊的感情。"雅量三江水，大观一毛峰"，黄山毛峰是安徽的当家茶，也是中国最著名的两大商帮之一——徽商最大宗的经营商品之一。一百年前，一大批徽州茶商，带着他们自己山里的茶叶来到大城市北京，兢兢业业，诚信经商，打下一批老字号的基石，也打下了农业文明融入现代商业社会的第一桩。

吴裕泰茶叶公司的前身"吴裕泰茶栈"就是由徽商开创，可以这样说，黄山茶曾让

吴裕泰在京城立足并取得了一定的发展,据考证,备受许多精明的茶客青睐的"高碎"茶,就是在十九世纪末由当时"吴裕泰茶栈"本着宁愿少赚钱也要讲诚信的经营理念推出的。流传至今的一种说法是这样的:据《徽州商会资料》记载,黄山毛峰是1875年前后由安徽谢裕泰茶庄所创制,是当时盛极一时的名茶,北京的吴裕泰是1887年开号的,当时一南一北两裕泰,黄山毛峰的销量非常大。由于黄山毛峰干茶条形松散而且壮实,茶条之间夹杂着许多炒碎了的碎条茶,茶客不易察觉也不计较,毕竟粗细之间香气、滋味相差不大。但当时吴裕泰的掌柜坚决不干,说不能欺骗顾客,将外形不好的混在外形好的茶里面同买一个价。硬是让柜上的人将稍碎的茶用竹筛选出,单独以"高碎"的名义出售。没曾想这个品种就一直保留下来,而且其他茶号还竞相模仿……

　　这几年市场上大受欢迎的龙井,碧螺春,山峡云雾等名茶,它们在加工过程中,不断更新变革与时俱进,兼收并蓄了其他在市场上受欢迎名茶的炒制工艺,取长补短,品质当然高出一大截;黄山毛峰的种植加工的规模小,黄山丘陵众多,茶园零星散落,所以这些个体户们所制之茶五花八门,良莠不齐,很难形成市场合力;安徽人自古就有经商的头脑,吃苦耐劳是他们在传统农耕时期取得成功的不二法宝。但在信息电子时代,仅有这一招完全不够和时代接轨。过去,在许多城市的大街小巷特别是商场的停车场都活跃着一大批黄山茶的销售者,大大地降低了黄山毛峰的形象。

　　黄山一带,自古被称为"八山一水一分田"的山区。境内群峰参天,山丘屏列,岭谷交错,有深山、山谷,也有盆地、平原,波流清澈,溪水回环,到处清荣峻茂,水秀山灵,犹如一幅风景美丽的画图。明代徐霞客给予黄山很高评价:"五岳归来不看山,黄山归来不看岳",把黄山推为我国名山之首。风景区外周的汤口、岗村、杨村、芳村就是黄山毛峰的重要产区,历史上曾称之为黄山"四大名家"。吴裕泰公司的黄山正和堂茶厂正是位于黄山风景区南大门的汤口镇。现在黄山毛峰的生产已扩展到黄山山脉南北麓的黄山市徽州区、黄山区、歙县、黟县等地。这里山高谷深,峰峦叠翠,溪涧遍布,森林茂密。气候温和,雨量充沛,年平均温度15—16摄氏度,年平均降水量1500—1800毫米。土壤属山地黄壤,土层深厚,质地疏松,透水性好,含有丰富的有机质和磷钾肥,呈坡性(pH4.5—5.5),黄山毛峰产区土壤母质,地形地貌小黄山茶区成土母质为晚元古代沉积生成的砂岩、变质火山岩为主,岩体最大特点断层和节理发育,主要组成矿物有长石、石英和黑色矿物,成土母质不但疏松通气,而且富含磷、铁等多种能被茶树吸收的矿质营养元素,在此亚热带山地季风气候和山地植被条件下,发育了黄红壤、黄壤、黄棕壤等土壤类型,酸性特征明显,土壤总孔隙度在55%—58%,特别是磷的总含量和有效态量高,磷是构成植物细胞的重要组分,也是细胞分裂、细胞核原生质的重要组分,对人体也是不可缺少的智力元素,所以黄山之母质、之土壤孕育出灵山名草、黄山毛峰也就顺理成章。优越的生态环境,为黄山毛峰自然品质风格的形成创造了极其良好的条件。

巍峨奇特的山峰,苍劲多姿松树,清澈不湍的山泉,波涛起伏的云海被称为黄山四绝,而有名山灵草之称的黄山毛峰是大自然赠给人们的茶中珍品,吴裕泰技术人员张澜澜说,"鱼叶金黄,色似象牙"是黄山毛峰和其他绿茶的最大的区别。很多外行认为鱼叶金黄是指黄山毛峰的叶芽是金黄色,其实这个鱼叶指的是黄山毛峰特级茶叶——芽叶下面连着的那片过冬的小叶子,它是金黄色的,正经的当年萌发的芽叶炒制后毛峰的芽叶还是黄绿色;而色似象牙特指黄山毛峰的颜色看上去是"没有光泽的,有黄有白还有点绿色"的效果。看绿茶的颜色不能是俯视,必须把茶叶放到和眼睛一样的高度平视观察,这样才能看出绿茶的色泽。

什么样的黄山毛峰才能够称得上"鱼叶金黄,色似象牙"呢?孙丹威总经理认为:最好的毛峰茶区应该是"晴时早晚遍地雾,阴雨成天满山云",茶树天天沉浸在云蒸霞蔚之中,叶片肥厚,经久耐泡。采下来的鲜叶进入吴裕泰正和堂茶叶加工厂,工作人员要对鲜叶进行细致的拣剔,剔除冻伤叶和病虫危害叶,拣出不符合标准要求的叶、梗和茶果,以保证芽叶质量匀净。然后将不同嫩度的鲜叶分开摊放,散失部分水分。为了保质保鲜,要求上午采,下午制;下午采,当夜制。黄山毛峰茶汤较为清淡,口感厚实却并不刺激苦涩,喝起来会有丝丝甘甜,适合口味清爽的茶客及女性品尝。黄山毛峰采摘细嫩,特级黄山毛峰的采摘标准为一芽一叶初展。"鱼叶金黄,色似象牙"一般指的是特级毛峰的品相。

"黄山毛峰之所以现在价格这么低,完全是吃了外形的亏了。"吴裕泰技术人员张澜澜说,细心的品茶人会发现黄山毛峰和"龙井""碧螺春"等名茶在视觉上面的最大区别就是"外形不美,不宜送礼"。这个外形不美并不是毛峰茶叶本身的问题,因为龙井、碧螺春在炒制揉捻的过程中已经提前把优美的形状固定好了,而正宗的黄山毛峰在炒制时不能进行过重的揉捻。龙井、碧螺春炒制过程是茶叶不能离开铁锅的,而黄山毛峰的炒制过程要难于其他绿茶。首先,黄山毛峰要用特制的30厘米高的桶锅来炒,其次,黄山毛峰在炒制过程中要离锅抛起十几厘米让茶叶和空气进行充分接触,这个过程叫"扬炒"。

黄山毛峰茶叶成品仍保持着采摘下来时比较天然的状态,外形看起来较为松散,而这也正是它品质卓越的象征。黄山毛峰的杀青在平锅上操作,火温保持在150—180摄氏度幅度内,每锅的投叶量250—500克视芽叶嫩度而掌握,以炒匀炒透,不焦不闷,特别不让杀青时产生的湿热水汽闷在鲜叶中,叶质较柔软,芽叶稍有黏性,叶面失光泽呈暗为宜;然后进入揉捻工序,毛峰的揉捻很有特色,与一般绿茶揉捻工序是杀青工序在锅中的延续只是手法不同不一样,毛峰炒制时是将杀青适度的茶叶起锅放在竹篾做的揉匾上,轻轻抖搂,注意抖散,避免闷黄,对特别细嫩的芽叶,往往在平底锅中稍加揉搓,以保持叶色鲜艳和芽尖上的白毫达到芽叶完整,白毫显露,色泽绿润,使之品相完美。揉捻完成之后是烘焙,分初烘和足烘,烘笼用竹篾制成,底部为炭火,初烘时配四个烘笼,火温由高到低,第一个烧明炭火,烘顶温度大于90摄氏度,以后三个依次为80摄氏度、70摄氏度、60摄氏度,边烘边翻,做到翻叶要勤、摊叶要匀、操作要轻、火温要稳,顺序移动烘顶,初烘结束时茶叶含水率约15%,初烘后的茶叶经摊凉30分钟,促进叶内水分重新分布均匀,然后进行足烘,足烘的温度为60摄氏度,文火慢烘至足干,拣剔去杂后再复火一次,促进高香性物质透发固化,趁热装入铁筒,整个制作黄山毛峰的过程在生产车间就完成了。

黄山毛峰曾经是安徽名茶的领头羊,这几年却让太平猴魁、祁门红茶、六安瓜片等名茶超越,近年来,吴裕泰公司一直踏实地做着重振黄山毛峰茶往日辉煌的具体工作。

"黄山毛峰茶,产高山绝顶,烟云荡漾,雾露滋培,气息恬雅,绝无俗味,当为茶品中比较好的茶。"到底是怎样的山水和人文,才能调和出黄山毛峰这千变万化的味与香。冲泡黄山毛峰有以下几点是要值得注意的,否则的话,即使是上等的黄山毛峰也泡不出好的滋味来。直接反映的是茶的浓淡。浓淡要合适才好,使我们能够品尝到茶的色和香,同时,适当的浓淡对于茶叶中物质的浸出是有影响的,这不但影响到茶水的色、香、味,也影响到茶水对人体影响作用。

一般绿茶,茶与水的重量比为1∶80。常用的白瓷杯,每杯可放茶叶三克。如果用玻璃杯,每杯可放二克。水温:对不同的茶要求用不同的水温,应视不同类茶的级别而定。一般说来,红茶、绿茶、乌龙茶用沸水冲泡还是较好的,可以使茶叶中的有效成分迅速浸出。某些嫩度很高的绿茶,如黄山毛峰、西湖龙井,应用80—90摄氏度的开水冲泡,使茶水绿翠明亮,香气纯正、滋味甘醇。时间一般也就是三到十分钟。将黄山毛峰放入杯中后,先倒入少量开水,以浸没茶叶为度,加盖三分钟左右,再加入开水七八成满便可趁热饮用。水温高、茶叶嫩、茶量多,则冲泡时间可短些;反之,时间应长些。一般冲泡后加盖三分钟,茶中内含物浸出55%,香气发挥正常,此时饮茶最好。

俗话说:"头道水,二道茶,三道四道赶快爬。"意思是说头道冲泡出来的茶水不是最好的,喝第二道正好,喝到三道、四道就像喝水一样了。黄山毛峰茶安然浸入水中,水把茶紧紧拥抱。茶芽缓缓地舒展,因水而得以重生。孙丹威说,你看这一叶叶茶,多像黄山七十二峰,屹立在水中央啊。蒸气如同黄山那袅袅烟云,散发出幽幽茶香,宁静中蕴藏着奋斗的力量。当人们凑近一闻,竟有些眩晕;细细一品,滋味甘甜,齿颊留香。一杯茶喝完了再续几杯,所思所感始终如一。

人以茶洁,茶以人传。朱熹、陶行知等徽州人,怀着求知奋斗的梦想,他们早年背井离乡渐行渐远,品一口随身带的家乡黄山毛峰茶,便像是走在回家的路上。家乡的茶,汇聚了他们多少情感,凝结着多少期盼。在品茶者端起杯盏的那一刻,苦尽甘来。茶的命运,不也是人的命运吗? 人的气质在岁月的磨砺下变得香醇,吴裕泰以黄山毛峰茶相伴,也要以山水为友,因为黄山这片山水与土壤,不仅滋润着茶树,还养育着茶农们。茶,正是沟通山水与人文的生命;茶道,正是天人合一的至高境界。

优秀的黄山毛峰冲泡后,茶汤较为清淡,汤色清亮,口感厚实却并不刺激苦涩,人们喝起来会有丝丝甘甜。而假冒伪劣的黄山毛峰茶汤色浑浊,味苦且涩,两者间的茶叶放到和眼睛一样的高度平视观察,这样才能看出它真正的色泽。

千山有茶千山美,万里寻茶万里情。此去徽州多旧事,丹心一片谢故人。

著名茶山画家赵乃璐/创作

十、绿色浓重 信阳毛尖

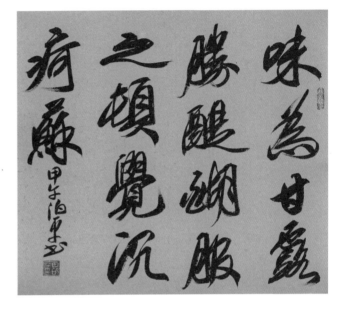

自古人们认为，信阳的山有灵气，信阳的水显秀气，信阳的茶有名气。在地球的北纬31度，在中国的豫楚之间，有一方沸腾的土地，有一处最美的茶园，明前绿茶新、稀、贵，眼下很多人加入到明前名茶的追逐之中，但不是所有的人都喝得起几千元一斤的名贵新绿茶。北京不少懂喝茶的老茶客，会在每年的五月份到北新桥大街的百年老字号吴裕泰茶庄找当年的新绿茶——信阳毛尖。虽说北京不产茶，但是老北京人爱喝信阳毛尖可有年头了，无论冬夏，无论贫富，信阳毛尖的香气总是勾着几代老北京人对于河南信阳毛尖的记忆。

2009年，全国大部分产茶区遭遇霜冻，幸运的是没降临到河南信阳毛尖头上。由于信阳毛尖茶树成熟比较晚，信阳产区的茶树才躲过了霜冻的劫难。河南信阳地处淮河上流，大别山北麓，南接湖北，东靠安徽，因为气温低于南方，所以河南信阳毛尖的茶园开园比较晚，一到冬天，北风吹来，雪花纷纷，万物肃杀，唯有茶树依然郁郁苍苍，以苍翠立于山间。高山茶的采摘时间比平地茶晚，高山茶的香气、滋味也比平地茶好。高山茶外形条索紧结，肥硕，白毫显露，香气馥郁，滋味浓厚，耐冲泡；平地茶外形条索细瘦，身骨较轻，香气稍低，滋味和淡。一般而言，相同品种、等级的茶叶,高山茶质优于平地茶。

　　茶生于深山,长于幽谷,承受了雾雨青岚,沐浴了山灵水秀。春天是茶园最美的季节,春风微拂,远山如黛,层林尽染,茶山便披上了一层新绿。千山万壑犹如脱缰野马,从飘逸的白云中奔腾而来。站在吴裕泰公司河南信阳毛尖基地,举目四望,在茶山上到处都是流淌的绿色,浩浩荡荡、绵延不绝。层层叠叠的林海,一碧万顷、绿涛翻卷,一山连着一山,直接云天、蔚为壮观。漫山遍野的茶园,犹如一道沿山而筑的绿色万里长城,随山势起伏,山风吹拂,宛如绿波荡漾,连空气中也弥漫着清幽的茶香。

　　草长莺飞,生机盎然,处处茶香四溢,河南信阳毛尖的生产集中在信阳西部的山区,有"五山二潭"之说。五山是车云山、震雷山、集云山、云雾山、天云山;二潭是黑龙潭和白龙潭。其中以车云山的茶叶品质最优。车云山一带山脉连绵、群峰争奇,山中瀑布奔腾,溪流潺潺,茶园土层深厚,矿物质含量高,周围云雾缭绕,空气湿度大。这云雾弥漫之地,丝丝缕缕如烟之水气,滋润了肥壮柔嫩的茶芽,为制作独特的信阳毛尖提供了天然资源。独特的自然环境造就了车云毛尖茶芽肥壮、细嫩柔软、茶叶不易老等特点,成茶滋味醇厚,鲜爽有韵。信阳毛尖产自海拔500到800米高山峻岭,群峦叠翠,溪流纵横,云雾弥漫。乾隆时有个拔贡叫程悌,常游车云山而留有一诗:"云去青山空,云来青山白,白云只在山,常伴山中客。"黑白两潭景色更是绮丽诱人,清时张锳有诗描述:"立马层崖下,凌空瀑布来。溅花飞霁雪,暄石响晴雷。直讶银河泻,遥疑玉洞开。缘知龙伯戏,击水不能回。"

　　信阳毛尖的茶区属高纬度茶区,四季分明,茶园比南方开采晚、封园早。每年隆冬季节,冰雪封冻了高山,覆盖了大地,万物失去了生机,许多茶叶的顶叶边缘已经枯萎,河南信阳西部山区昼夜温差很大,冬天气温极低又干冷,春季常有冻雨生成。在凛冽的寒风中,许多秋天生长的新叶,在骤降的气温下被冻得遍体鳞伤,而后渐渐枯萎,用手轻轻一捏,干枯的叶缘便化作粉尘。可想而知要在如此恶劣的环境中生长,需要多大的毅力。怪不得山上的茶树一直长不大,也许低矮的形态正是抵御严

十、绿色浓重 信阳毛尖

71

寒的资本吧。就在这片山上几乎找不到一样的茶树,也很难说出它们的名儿。树叶的形状有的椭圆、有的卵形或是倒卵形、有的圆形、有的两头急尖如柳叶状,不知是否是传说中的小叶茶。唯有茶树傲寒而立,青枝绿叶,茶花次第怒放,浓香宜人,煞有春意。当地政府每年都要求茶农们对茶园进行封根培土,增施有机肥。茶树借助这特殊力量和休养生息的机会,贮存了大量的养分,满足了翌年生长需要,加之深山区阳光迟来早去,所以这里茶叶内含物丰富,特别是氨基酸、儿茶素、咖啡碱、芳香物质、水浸出物等含量,均优于南方茶区,为南方茶区所不及。

雾气如细纱般飘过一行行的茶树,身边潺潺的清溪流水映带左右,山间野泉烟云蒙绕,让人身在其中,如在画里,恍入仙境。在吴裕泰公司茶园采茶是最诗意的劳作。

信阳毛尖采茶期分三季:谷雨前后采春茶,芒种前后采夏茶,立秋前后采秋茶。谷雨前后只采少量的"跑山尖"、"雨前毛尖"被视为珍品。每逢采茶季节,满山遍野身着红、绿衣装的采茶姑娘,似仙女下凡,似玉蝶翩翩起舞,用纤细的嫩手,一芽芽地采摘细嫩茶芽。一般人不会想到,一千克特级信阳毛尖竟然需六万多个芽头,这里凝结了多少采茶姑娘的心血啊——特级毛尖一芽一叶初展的比例占85%以上;一级毛尖以一芽一叶为主,正常芽叶占70%以上;二、三级毛尖以一芽二叶初展为主,正常芽叶占70%左右;四、五级毛尖以一芽二叶占60%以上。优质的信阳毛尖采摘更是讲究,只采芽苞,不采蒂梗,不采鱼叶。 信阳毛尖对盛装鲜叶的容器也十分讲究环保和自然,用透气的光滑竹篮,不挤不压,并要求及时送回阴凉的室内摊放两至四小时,趁鲜分批、分级炒制,当天鲜叶当天炒完。

信阳毛尖的炒制工艺十分独特,炒制分"生锅""熟锅""干燥"三个工序,用双锅变温法进行。"生锅"的温度160摄氏度,"熟锅"的温度80摄氏度,"干燥"温度是60摄氏度,随着锅温变化,茶叶含水量不断减少,茶叶品质也逐渐形成。"生锅"是两口大小一致的光洁铁锅,并列安装成35到40度倾斜状,用细软竹扎成圆扫茶把,在锅中有节奏地反复挑抖,鲜叶下绵后初揉,并与抖散相结合。反复进行四分钟左右,实成圆条，达到四五成干（含水量55%左右）即转入"熟锅"内整形。"熟锅"开始仍用茶把继续轻揉茶叶，并结合散团，待茶条稍紧后，进行"赶条"，当茶条紧细度初步固定不沾手时，进入"理条"，这是决定茶叶光和直的关键。

"理条"手势自如，动作灵巧，要害是抓条和甩条，抓条时手心向下，拇指与其他四指张成"八"形，使茶叶从小指部位带入手中，再沿锅带到锅缘，并用拇指捏住，离锅心13—17厘米高处，借用腕力，将茶叶由虎口处迅速有力敏捷地摇摆甩出，使茶叶从锅内上缘顺序依次落入锅心。"理"至七八成干时出锅，进行"烘焙"；烘焙经初烘、摊放、复火三个程序，形状固定后的茶叶还要进行烘焙，一次烘四五锅茶。将茶叶在茶炕上摊开，厚度为两厘米左右，然后用无烟木炭烘烤出茶叶里面的水分，每五至八分钟翻动一次。当手抓茶条，稍感戳手，即可停止烘烤，这是茶叶中的剩余水分在15%左右。初次烘烤后进行摊晾，四小时后再进行复烘。复烘时间在30分钟左右，中间要翻动两三次。当用手可轻易将茶叶搓成粉末时说明茶叶含水量控制在了7%左右，这时可以停止干燥，清理复烘后即成品质优品佳的信阳毛尖。

传说司马光砸缸，救出了一起玩耍的同伴，缸中溢出的水，流遍信阳，滋养出一片片茂盛青葱的茶田。每逢采茶之际，嫩绿的芽头竞相吐郁，茶农在田间劳作，俨然一幅"春收笑碌连四海"的画卷。信阳毛尖具有独特的生长优势，产地受到国家有关部门原产地保护，只有产自这里的茶，才能被称为十大名茶之一的信阳毛尖，素来以"细、圆、光、直、多白毫、香高、味浓、汤色绿"饮誉中外。据记载，信阳毛尖，早在三千多年前的周朝之前就已开始。陈椽所著《茶叶通史》中就这样记载着："西周初年，茶树在此生根。因气候条件限制，茶树不能再向北推进，只能沿汉水传入东周政治中心的河南（东周建都河南洛阳）。茶树又在气候温和的河南南部大别山信阳生根。"可见信阳种茶历史之悠久。

信阳素有"豫南明珠"之称，一直到今天，信阳仍以风光秀美冠绝于中原。崇山峻岭间，云雾缭绕，层峦叠翠。旧信阳县志记载："本山产茶甚古，唐地理志载，义阳

（今信阳县）土贡品有茶。"西南山农家种茶者多本山茶，色味香俱美，品不在浙闽以下。信阳对茶树生长具有得天独厚的自然条件。这里年平均气温为15.1摄氏度，一般年份介于14.5—15.5摄氏度之间。3月下旬开始，日均温达10摄氏度，可持续220多天，直到11月下旬才下降。同时，信阳的雨量充沛，且多集中在茶季，光照也长，这些自然条件，都是茶树生长生育所需要的适宜范围。信阳山区的土壤，多为黄、黑砂壤土，深厚疏松，腐殖质含量较多，肥力较高，酸碱度也适中。唐代茶圣陆羽所著的《茶经》，把信阳列为全国八大产茶区之一；宋代大文学家苏轼尝遍名茶而挥毫赞道："淮南茶，信阳第一"，信阳毛尖茶清代已为全国名茶之一。信阳毛尖以色泽翠绿，白毫显露，汤色嫩绿明亮，滋味鲜爽回甘，香气馥郁持久而享誉海内外，屡获殊荣。1914年，为迎接巴拿马万国博览会，信阳县积极筹备参加展览的茶样。信阳毛尖凭着美观整齐的外形，高锐清美的香气，醇厚鲜爽的味道，信阳毛尖在众多参赛茶叶中脱颖而出。经严格缜密的评判，赢取了世界茶叶金质奖。一时之间，信阳毛尖在国内外声名鹊起。在2007年世界绿茶大会上，中国区选送的信阳21个茶样获六个最高金奖、十个金奖和五个银奖，占全部获奖茶样的三分之一。

　　信阳毛尖的叶底在所有绿茶中可能是最细嫩的，高水冲注时，玻璃杯内如漫天飞舞的绿沙，纤细的茶毫在开水中飞快地上下舞动。过一会儿，茶汤碧绿，杯子底部一粒粒清晰可见的芽头。细嫩的茶叶在杯子里，人们用舌尖去感受春天的气息，信阳毛尖是绿意盎然的生机，是厚积薄发的醇厚，是高火烘焙的清香。信阳毛尖带来的春天，没有江南之春的轻盈，却有北方之春的厚重。

　　身处北城、尊崇"好茶不贵"理念的吴裕泰茶庄，店里的信阳毛尖平均几百元一斤，充分体现出他们的是好茶价格不贵。吴裕泰公司的信阳毛尖严格选自其生产基地，坐落在原产地"五山两潭一寨"的高山茶园，出自河南信阳毛尖集团有限公司的原料茶。总经理孙丹威说："实诚本是为人处世的基本原则，不知道从什么时候起成为了美德。我们不敢不实诚，连100块钱一斤的茶都不敢糊弄，因为都是喝了几十年的老客人，你含糊一点，人家一口就品出来了，要把一本茶经念长久，就要规规矩矩做人，老老实实做茶。"

吴裕泰公司的实诚体现在品质上。十几年前，当人们还对食品安全没有给予足够重视的时候，为了监控茶叶生产的全过程，从上世纪90年代开始就将柜台上的所有茶叶品种，拿到国家茶叶质检部门去检验，从而将吴裕泰茶庄投放市场的茶叶各项指标牢牢地控制在国家指标之下，一年下来仅检测费达几十万元。吴裕泰茶庄的实诚，更体现在价格上。吴裕泰的茶叶都是由国家茶叶评审专家、高级评茶师亲自审评，确保品质，价格亲民。专家们通过对茶叶的"一看、二摸、三闻、四尝"准确地判断出茶叶的级别、质量优劣，甚至能准确判断出茶叶的含水量是否符合标准。每逢新茶上市，打听吴裕泰茶庄"信阳毛尖"的人们就会踏破各门店的门槛。孙丹威说："咱老百姓好的就是这一口儿。"

品尽人间千种茶，信阳毛尖顶呱呱。茶香伴你走茶山，美丽人生须有茶。一曲佳话千古唱，茶香随你忆天涯。

著名茶山画家赵乃璐/创作

十一、太平猴魁 东方之冠

一个"茶"字就是一个头戴小草帽,脚穿小木屐的人,这说明了吴裕泰的茶是天给之,地种之,人造之,三才合一的灵芽甘露。茶是神灵对人类的眷顾是上苍赐予人类的圣品,是自然界对人类爱茶的给予,是茶农们创造财富的基石,是人类喝茶健康的法宝。春回大地,万物复苏,进入6月,北京的春茶市场又迎来了新贵——"太平猴魁"。尽管比起明前的碧螺春、西湖龙井来,太平猴魁没有占据时间上的优势,但是在外形上、售价上,顶级太平猴魁的价格一点也不输给明前碧螺春、西湖龙井,正宗的太平猴魁近几年的售价一直维持在一斤几千元左右。

吴裕泰公司的太平猴魁基地在安徽黄山市黄山区新明乡猴坑村的"猴坑茶业",为的就是保证太平猴魁的货真价实。太平猴魁历史上一直以柿大茶为适制品种,柿大茶有性系,灌木型,大叶类,晚生种,二倍体,植株适中,树枝半开张,分枝较稀,节间较短,非常适合于高山茶园陡坡上种植,其叶片稍上斜状着生。叶片较为肥厚,叶椭圆形似柿叶,叶片又大,故取名柿大茶。叶片颜色深绿,富有光泽,叶面明显隆起,叶缘呈波状,叶齿稀而锐,叶质厚而柔软。幼芽以淡绿色为主,随生长呈深绿,茸毛密,一芽三叶百芽重49.3克,花冠直径3.3厘米,种子百粒重91.0克。太平猴魁外形"两叶抱一芽",扁平挺直,魁伟重实,自然舒展,白毫隐伏,有"猴魁两头尖,不散不翘不卷边"之称。叶色苍绿匀润,叶脉绿中稳红,俗称"红丝线";入杯冲泡,芽叶徐徐展开,犹如"刀枪云集,龙飞凤舞",舒放成朵,两叶抱一芽,或悬或沉;茶汤清绿,含有诱人的兰香,味醇爽口。

太平猴魁的美,是粗犷中透着灵气的,犹如东北的汉子,却生在江南,豪放的外表下隐藏着一颗细腻多情的心,最让人感动的不是外在,而是那份发自内心的天然的纯真,毫不矫揉造作,尽管粗壮如斯,小心翼翼地拣起一枝枝竖立于杯中,与黄山毛峰、碧螺春的上下翻飞不同,它依然缓缓地释放出幽幽的兰香。品茶的同时,人们想象着它们曾身居美丽的山间,想象着它们与树枝上的小鸟互诉生长的过程。独特而迷人的滋味让人回味无穷。

安徽黄山作为中国名山之一,有着"黄山归来不看岳"的美誉。在这层峦叠嶂、云雾缭绕的黄山中,出产一种特色名茶,也是中国十大名茶之一——太平猴魁。猴魁创制于清光绪年间,是尖茶中最好的一种,茶芽挺直,肥壮细嫩,外形魁伟,色泽苍绿,全身毫白。猴魁因其独特的韵味而出名,1915年,太平猴魁在巴拿马万国博览会上荣获金质奖章。吴裕泰太平猴魁茶基地独特品质得益于原产地猴坑一带的生态环境。这里海拔700多米,位于黄山区城北约十八公里的一个高山地区,位于神奇的北纬30度间,有适宜茶树生长的大气候环境,平均降雨量在1556.0毫米,年均相对湿度79%,每年有雾天达240多天,年平均日照时间1727.4小时,日照百分率40%。茶园在高山上,受惠于局地环流对温度的调节,阴雨天气,山上云雾重重,置身云雾中,降温增湿,茶园坡向偏东及阴坡,减少辐射量,上午温度高,光照足,温度适宜;下午温度低,光照弱。宽阔的太平湖水域环抱猴魁产茶区,常年雾气蒸腾,太平猴魁不仅得了太平湖十万水面的氤氲灵气,大水体效应显著,更由于那满山遍野的幽兰花香。株株幽兰与棵棵茶树共相厮守,相滋互养。在这天造地设的仙境,太平猴魁茶啜天露,吸地气,沐风雾,浸香气,迎朝霞,送夕阳,备受造化宠爱,尽享天地精神,进一步优化了猴魁茶区的小气候环境。

近年来,形成太平猴魁茶独特香气和口感的因素是猴坑一带的土壤。这里的土壤主要是千枚岩和花岗岩、页岩的风化物,以扁石黄壤类型为主,土壤深厚肥沃,有机层厚,腐殖质含量丰富,含有丰富的茶叶生长必需的微量元素。pH值在5.5左右,猴坑周围的凤凰尖、狮形尖、鸡公尖三座三峰海拔都在800米以上,茶园大多分布在坐南朝北,半阴半阳山坡上,四周植被繁密,森林覆盖率在90%以上,主要树种为常绿阔叶林、竹林等。这些优良条件可以防止水土流失,减少茶树受寒风烈日的侵袭,树木落叶增加了土壤有机质的含量,太平猴魁完全处于野生状态,不施肥,不打药,不修剪,不翻地,自由自在,随心所欲地生长,有的地方是一片片,有的地方是一丛丛,有的地方是一棵棵。茶树高低不一,高的过丈,低的盈寸,共居一山。在茶季,漫山遍野兰花有助于茶叶兰花香气的形成,基本属于有机化状态。吴裕泰公司经过很长时间的实地考查,认为把太平猴魁生产基地建在这里最理想。

关于太平猴魁还有一段人猴和谐相处的动人故事,相传在安徽太平县居住着一对白毛猴,生下一只小白猴,一天小白猴独自外玩,遇大雾而迷失方向,老猴即出门寻找几天未果,而因劳累过度病死在一个山坑里,一位以采野茶和药为生的老汉心地善良,发现病死的老猴后将其埋于山岗上,并移几株野茶和小花于旁,正要离开之际,忽闻:"老伯,你为我做了好事,我一定感谢你。"但不见人影。第二年春天,当老汉再来山岗只见长满了绿油油的茶树,纳闷之际,忽闻:"这些茶树是我送给您的,您好好栽培,今后就不愁吃穿了。"原来这些茶树是神猴所赐,从此,这片山岗称猴岗,山坑叫猴坑,把从猴岗采摘的茶叶叫猴茶,由于猴茶品质超群,堪称魁首,后来就将此茶取名为太平猴魁了。

手工制作让太平猴魁更金贵,"太平猴魁看黄山,黄山猴魁在猴坑"。吴裕泰基地位于太平湖畔的猴坑村,既是太平猴魁茶的发源地和核心产地,也是一个典型的深山区、库区、茶区和革命老区。因为特殊的地理位置气候条件和茶种差异,它与碧螺春不同,太平猴魁的嫩芽仿佛需要更大的力量才能冲破冬日的寒冷封锁,需要几番跳跃、几回助跑才能完全热身,最后冒出尖尖的小绿芽。这一粒新的茶芽里包含着太多的春天信息。精湛考究的手工制作工艺,是形成太平猴魁茶独特品质的基本保证。

在采制加工方面公司制订了规范的传统手工制作工艺,每套工序都有较为完善的操作规程。从鲜叶采摘开始,质量要求非常严格,晴天采下的鲜叶气温高,空气干燥,要盖上湿布,防止叶内水分蒸发过多;雨天采的鲜叶,要摊开晾干。太平猴魁的叶子比一般的茶叶要大很多,颜色嫩绿明亮,闻起来一缕清香入鼻。越肥大的叶子质量越好,制出来的茶肉厚,味香,品质高。摘茶叶的时候,要把梗子去掉,留两片叶子,一个芽足矣。太平猴魁对鲜叶的采摘特别讲究。在谷雨前后开始采,鲜叶长出一芽三叶或四叶时开园,立夏前停采。相比其他名茶,太平猴魁采摘时间较短,每年只有15—20天时间。采摘要求为一芽三、四叶,严格做到"四拣":一拣坐北朝南阴山云雾笼罩的茶山上茶叶;二拣生长旺盛的茶棵采摘;三拣粗壮、挺直的嫩枝采摘;四拣尖,采回的鲜叶要进行"拣尖",即折下一芽带二叶的"尖头",作为制猴魁的原料。"尖头"要求芽叶肥壮,匀齐整枝,老嫩适度,且芽尖和叶尖长度相齐,以保证"两叶抱一芽"的外形,从而呈现似"宝剑"的外形。

太平猴魁采摘都是当天采摘当天制茶,早晨五点,采茶工们就上山采茶了。要爬至少一小时的山路,因为茶园在山顶上。一般采完一茶篓大概一两个小时。午后拣尖。黄山市猴坑茶业有限公司方继凡介绍,制作猴魁的茶叶要求一芽两叶,三尖平。"一斤太平猴魁要5斤—5.5斤的鲜叶才能制成。"太平猴魁的制作颇具特色,杀青用直径70厘米的桶锅,以木炭为燃料,每锅仅投75—100克鲜叶,因芽叶较宽大以"带得轻、捞得净、抖得开"的手法,2—3分钟完成杀青,并适当理条一气呵成,要达到毫尖完整、梗叶相连自然挺直,叶面舒展;猴魁的揉捻是与毛烘中搓片结合在一起的，按一口杀青锅，配四只烘笼，温度为100摄氏度、90摄氏度、80摄氏度、70摄氏度依次递减，杀青叶置于笼顶，并轻拍使之摊匀平伏，适当失水后放到第二烘，摊匀轻压茶叶，叶片抱芽挺直，边烘边捺，然后第三烘继续，边烘边捺；再进行第四烘时，叶质已干脆至六七成干下烘摊凉，让芽叶内的水分重新分配均匀。保持和提高猴魁的香，精良的制作工艺，造就了太平猴魁独特的形态与品质风味。在猴坑，吴裕泰公司的所有太平猴魁都是手工制作。

太平猴魁茶以其卓越的品质蜚声中外。如今，吴裕泰经营的以黄山区为唯一产地的太平猴魁，已然成为了北京茶客们的不二选择。相比黄山毛峰等其他茶叶品种，太平猴魁开采时间较迟，且多为高山茶园，属于晚春产大叶绿茶。多年来，因为手工制作保证了品质的优良，成就了吴裕泰猴魁的顶级品牌形象。太平猴魁堪称绿茶中的限量版，因其产区小，两叶一芽的外形要求，加上及其严格的评级标准，使得成品茶的年产量少之又少。猴坑人凭借一套祖传的精湛独特的手工采制技艺，使太平猴魁的外形更加完美，达到了色香味形的高度统一。吴裕泰公司生产的每一款太平猴魁均由太平猴魁的国家级非物质文化遗产传承人亲自监制。

太平猴魁的品质特征为两叶抱芽，扁平挺直，舒展鲜活，翠绿隐毫，芽叶二头尖，不散不翘不卷边。苍绿匀泽之叶色，绿中隐江之叶脉；冲泡品饮兰香高锐，滋味醇厚甘爽，被公认为独特的猴韵，清澈明亮的汤色，嫩绿匀亮之叶底，肥壮成朵的芽叶是绿茶中一道亮丽的风景，展示着独特的风格，一是芽叶魁伟重实，个头硕大，这是太平猴魁所独一无二的特征；二是苍绿匀润阳光下显亮丽，阴暗处看绿中显乌，绝无微黄等他色，一个字纯；三是滋味醇厚鲜爽回味甘甜，不苦不涩；四是香气高爽持久，"三泡四泡出香犹存"，有一股淡淡的兰花香，比一般绿茶耐泡。太平猴魁成品茶两端略尖而挺直，扁平匀整，肥厚壮实披白毫，盛不显含不露，叶主脉呈肝色，冲泡后芽叶徐徐展开，两叶抱一芽，舒放成朵形，具有味醇爽口的诱人兰香，头泡香高，二泡味浓，三泡幽香犹存的意境，也称之"猴韵"。

巍巍黄山，得天独厚的地理环境孕育着太平猴魁。"春风走几步，茶香飘万里。"在茶的故乡，几乎家家有茶，处处飘香，那些云雾笼罩下的茶园葱葱郁郁，一望无垠。喜欢吴裕泰公司"太平猴魁"这款茶的人，多是讲究品位的小资，尤其成功男人常常视这款茶为最爱。每年盛夏时节，天气燥热，最适合喝太平猴魁。一盏在手，饮一口猴魁，仿佛给饮茶的人们带来一股清凉，你一定会感叹，真是饮之沁人心脾，清甜划过舌尖，太平猴魁香味是兰香高爽，滋味醇厚回甘；香气中裹着如缕的清鲜，袅袅升腾，闭上眼睛，纵情地深呼吸，仿佛你已在如烟远方的茶园中徜徉。轻啜一口，滋味鲜醇，欲罢不能。观赏汤色更是杏绿明艳，极为养眼，观之赏心悦目，捧这样一盏春茶，心情已是"满城春水满窗山"，一片春意在眼前的感觉。

遍访徽州探物华，太平猴魁叶双芽。青绿明净汤色爽，形扁暗绿方为佳。天下仙葩论谁属，太平猴魁最堪夸。当年陆羽如犹在，写进茶经第一家。

著名茶山画家赵乃璐/创作

十二、山峡云雾 茗荟九省

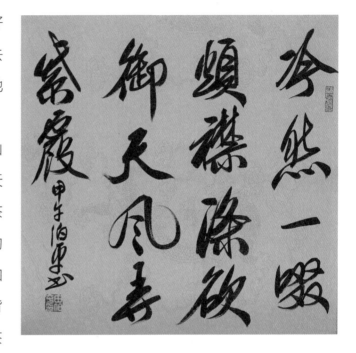

　　高山云雾缥缈处，都有好茶等着有缘的人来遇见。你去与不去，茶树就在那里，静静地等候着要遇见的那懂茶的人。这就是山峡云雾茶的品性，山峡云雾茶暗自静静地吸纳着天地的芳华，它却不与别处的茶争春。作为绿茶，山峡云雾的名气可能远比不上黄山毛峰和六安瓜片，但要细说起茶叶背后的历史渊源，也许其他绿茶很难望其项背。"承山川之芳泽，蕴日月之精华"的山峡云雾，称之为"圣洁之物，颐养珍品"毫不为过。

　　一场春雨悄然而至，雨过天晴，田野、林间、地头和村庄，到处云遮雾绕，烟雨朦胧，轻纱缥缈。云烟散去，雨停风清，挑起轻纱，一棵棵贪睡的茶树，从冬天的酣梦里苏醒，张开嘴巴打个哈欠，眨眨眉眼，长长地伸个懒腰，贪婪地吮吸着雨露，大口地吸纳着土壤里的营养。细小的茶芽吃饱了，痛痛快快地生长，拔节，几乎在一夜之间，就把嫩绿的新芽儿捧上了枝头。这些长出来的茶芽饱满壮实，肥硕油润。清晨的阳光当头照耀，温暖、舒适、惬意，茶树茶芽上露珠闪闪，泛着微光，煞是诱人。"云雾深处有人家，夏收桑椹春采茶"。吴裕泰公司寻茶团队踏遍三峡两岸，觅遍湖北、湖南、浙江、安徽、四川等，奉上这款来自高海拔原生态的山峡云雾好茶，既飘香于寻常百姓之茶盏，也陶醉了许多的文人雅士。

1998年春天，孙丹威和浙大学茶学专业的高材生程国平合作开始关注长江三峡沿岸这片中华民族最古老的产茶区，这里仿佛栽种着中国茶悠长的历史。唐时峡州辖的五县郡，都是出好茶的地方。陆羽本人也出生在与三峡地区毗邻的荆州天门县。陆羽在《茶经·八之出》第一句便是"山南道，以峡州上"，所以古峡州被欧阳修誉为"春秋战国西偏境，茶圣茶经第一州"。但因为山高水远、交通闭塞，在这里产的茶多是本地人饮用，地域性强，多少年过去了，这里还是没有被叫得响的名茶，而长江三峡的东西南北方向各地都有了知名的茶，不是这里没有好茶，而是这里的茶农千百年来一直把茶和蔬果一样，当作一般的农副产品在经营。他们看到这种情况十分惋惜，可惜了这么好的茶叶原料。这里可是中国名茶的核心原产地带啊！

相传人类最早发现茶的利用价值的记载"神农尝百草，日遇七十二毒，得茶而解之"一事就发生在这里。三皇五帝之一的炎帝，在古峡州的神农山搭架为台尝百草，从而发现了五谷。在这一过程中，神农经常中毒，是茶让他解毒，免受伤害，神农架林区因此而得名。它是全国唯一以林区命名的行政区域，"野人"经常在这个原生态的地方出现。孙丹威说，名茶的传播与交通的便利与否关系重大。交通情况也决定着朝廷"贡茶园"的选址。京杭大运河的开通将帝都与江浙闽的茶园连成一片，康熙也好，乾隆也罢，他们只愿意在运河的画舫里莺歌燕语，他们不愿意在惊涛骇浪的峡江险滩中穿行。关于峡州之险，长江上的人都知道："泄滩青滩不算滩，崆岭才是鬼门关"，"群山万壑出荆门，十人难有几人还"。正因如此才有了康熙赐名碧螺春，乾隆御封狮峰龙井茶的故事。再加上各级官员都以尝到当年的最早新茶为荣耀，"一日行程路三千，到时须及清明宴"，这么高的时间要求，产自偏远之地的山峡云雾当然就很少有机会一睹天颜了。

有关山峡云雾茶的神话和有趣的故事鲜见，而山峡云雾茶产自哪座神山，哪条秘水也始终十分神秘。戴着神话、神秘、稀贵面纱的茶叶，寻常百姓很难见到，更不要说品尝了。孙丹威、程国平靠着智慧与勇气，靠着勤学苦研与上下求索，走出了一条没有任何模板可以参照的找新茶之路，愣是找到了这种产自长江云雾中的好茶。他们认为今天所有的"茶人"，吃的"这碗饭"，我们所有的饮茶人端起的这杯茶，都或多或少地与这块土地，特别是与这块土地上的两个人"神农炎帝"、"茶圣陆羽"有一些关联。

近年来，三峡大坝的蓄水，两岸的茶树越来越少，他们共同研究认为：要突破传统名茶一地一产的局限，必须将目光投向长江三峡周边的更广阔地区。地理学上有一个神奇的北纬30度线，这条线上有世界上最美的山水、物产及风土人情。"飞峡云荣白，悬江树影红"，思路打开以后，天地更加广阔。他们发现不同产地茶叶，其色、香、味、形可以取长补短，扬长避短，精心挑选几种优质的绿茶原料，好的原料配比，精湛的加工工艺，使长江山峡云雾茶低调奢华，品质更加优异。经过无数次的审评对比实验，她们终于得出了一个精选九省市茶原料，博取众家所长的工艺配方，定其名曰"山峡云雾"。这也从实践上印证了中国工程院唯一的茶学院士——陈宗懋先生的那句话："好茶是拼配出来的"。

山峡云雾茶的配方工艺具有一定的高科技含量，克服了以往中国十大名茶和许多地方名茶的地域局限性和狭隘性。长江山峡云雾茶的原料，以横跨四川、重庆、湖南、湖北的五百里山水画廊为主产区，再选取江浙一带的高海拔、慢生长的高山茶树生长带为辅产区，海拔落差近2000米，再加上公司独特的拼配工艺，经过无数次的拼配试验，反复多次的审评、对比，才使得长江山峡云雾茶独具韵味。"山峡云雾"茶最大特点在于它有益成分含量是可控的。很多北京老茶客到吴裕泰点名来买"山峡云雾"茶，说这款茶的降糖效果好。孙丹威在北京电视台《养生堂》节目上重点谈到，传统名茶由于产地固定，内含成分变化不大，而"山峡云雾"茶可以将不同产地的茶原料进行科学拼配，并且将茶叶中的保健效果最大化。据浙江大学茶学系茶叶生物化学之父杨贤强教授研究，单一产地的茶叶，其所含＂防癌抗衰降三高＂等健康成分在不同年份变化不大，并且很难改变。因为不同的环境气候就决定了当地出产茶叶的内含物,而采用不同产地茶叶进行拼配,就可以将茶多酚、脂多糖、茶氨酸等有益物质进行量化,从而使配方茶对人类的健康作用,效果不但精准,而且可以最大化。山峡云雾茶的降三高、抗衰老防辐射效果完全可以通过量化的数据来表示,由于经过充分的加压揉捻,山峡云雾茶的细胞壁破碎率大幅提高,其内含不溶解于水的大分子经过各种转换,变化成易溶于水的物质,据有关部门实验测试长江山峡云雾茶中这类物质占干茶总重量的45%以上,大大高于其他茶品,这也是不少茶客反映山峡云雾降糖效果特别好、防辐射效果相当好的原因。

山峡云雾茶扬长避短,优中选精,山峡云雾配方茶的关键性步骤有两个,即原茶初选和审评配方,原茶初选即是选择湖北、湖南、浙江、安徽、福建和四川等九省不同海拔高度的原生态慢成长的茶树叶,各按特定的工艺流程进行加工半成品;审评配方,则是将这些半成品按色泽、香气、滋味、条形、叶底等进行审核评定打分,并按不同的比例进行科学拼配,再审核,直至找到不同省份产区茶的最佳组合。最后利用快速的现代物流业将这些半成品按特定的运输规程快速集中在一起,再进行精制加工,整个工艺流程本着"相互兼容、相互补充、相互提高"的原则,所以用一句"九省物华好山水,山峡云雾一杯中"来形容这种茶,真是再恰当不过。

神话也好,神秘也好,都是事物表象。山峡云雾作为绿茶界最具个性的代表,它的真正价值,最终还要落实到实实在在的品质上来,一般来说,茶叶的产地,高海拔,慢生长,原生态是茶树最佳的生长环境。为了寻找规划长江山峡云雾茶的核心生长区,孙丹威一次又一次地和程国平、质检经理孙倩、采购经理张澜澜等人步入崇山峻岭的古山峡地区,寻茶之道 ,异乎艰难,诗仙李白说这一地区是"黄鹤之飞尚不得过,猿猱欲度愁攀援;连峰去天不盈尺,枯松倒挂倚绝壁"。孙丹威一行人坐在汽车里,犹如在半山腰上穿行,眼前是云雾弥漫,几百米之内不见路。两边也是风号猿啼,万丈深涧不见底,连开车的司机的腿都在发抖,坐车的其他人脸色发白,但不知是哪儿来的巨大能量,孙丹威、程国平、孙倩、张澜澜等如此镇定自若,一路谈笑风生。通过这次的寻茶之旅，孙丹威感受颇深，她认为，中国的名茶之所以很难成长壮大，与过分强调产地的具体区域关系很大。名茶之间很少互相交流，"西湖"的说"东湖"的味太淡，"黄山"的说"庐山"的历史短……其实，每一个产地都有局限性，也就是每一款名茶都非十全十美。

茶中有山峡云雾者，生长在高山云雾之中，无论寒冬酷暑，都扎根于深山野林、悬崖峭壁，努力吸收，日月精华，山川灵气，在温度湿度不适宜的情况下，它将光合作用所积累的养分全部储存于根部，蓄势待发，只要环境一变，时机成熟，就集中全部的力量，向着幼嫩的茶芽，全力萌发。一斤山峡云雾茶，要采集几万多片嫩叶才能制成，在制茶的过程中，采茶的手法，存放鲜叶的环境，制茶的温度、水分，炒茶的力度，甚至制茶工人当时的心境都有讲究。高温炒，低温闷，加压揉，减力搓，中火烘，温火焙，力量的掌握，水分的高低，温度的差异，必须时时掌握，调节有度，稍有不慎，前功尽弃。何为"茶禅一味"？ 布施、持戒、忍辱、精进、禅定、智慧是禅心的六大要诀，茶禅一味，可以从长江山峡云雾茶中得到最大的体现。遇水舍己，而成茶饮，是为布施；叶蕴茗香，含而未发，是为持戒；忍蒸烘炒，受挤压揉，是为忍辱；除懒去惰，醒神益思，是为精进；和清静寂，茶味一如，是为禅定；兼收并蓄，包容创新，是为智慧。

在自然界中，茶叶中有着最为丰富的自然颜色，采自同一棵茶树的鲜叶，通过不同的加工方法可以做成绿茶、红茶、黄茶、白茶、青茶及黑茶，这些茶有着成百上千种色彩，会产生九九八十一种奇妙茶香……长江三峡因为山水和佳茗，"众水会涪万，瞿塘争一门"的壮观景象，吸引历代名人访胜。自古有誉道"夔门天下雄"，白帝城东依夔门，西傍八阵图，三面环水，雄踞水陆要津，为历代兵家必争之地，也是观"夔门天下雄"的最佳地点。历代著名诗人李白、杜甫、白居易、刘禹锡、苏轼、黄庭坚、范成大、陆游等都曾登白帝，游夔门，留下大量诗篇。有一条人工开凿的古栈道遗迹，在瞿塘峡北岸的绝壁上，头顶是悬崖欲坠，脚下是汹涌江涛，这就是古时船夫拉纤、军事运输和客商行贾的唯一通道。

山峡云雾茶的主要原料产于秀美神奇，云雾缭绕的大三峡地区，周边地貌奇特，有个小寨"天坑"很有名气。小寨天坑深666.2米，这在地理学上叫"岩溶漏斗地貌"。坑壁呈斜坡状，坡地上草木丛生，野花烂漫，坑壁有几个悬泉飞泻坑底。坑底下边有地下河，小寨天坑是地下河的一个"天窗"，天坑底部的地下河水，由天井峡地缝补给，小寨天坑属当今世界洞穴奇观之一。野趣天然，令人心旷神怡。山峡云雾茶就是这名山中的一棵灵芽，这种独特的自然和文化氛围，注定了山峡云雾茶是不同寻常的，可以说，很少有哪一种茶具有如此繁复的历史，具有如此丰富的内涵。因为它是依托于三峡这棵自然与文化之树和人文的历史演变的。最绝还是山峡云雾茶之香，似乎可以集中自然界所有的香气，然后又逐一释放出来。香得自然连绵，留在杯底，停在齿间，直沁脾肺，存在心里。高级评茶师孙丹威说："每个地方的一款新茶抵达北京，就代表那个地方的春天来了。我们希望通过一杯茶让大家感受各地春天不同的色彩和味道。"她希望有更多的人品尝到各地好茶的美妙滋味，享受茶中的自在心情。

香高味浓汤色清，荟萃江南百草魂。借问陆羽谁为最，山峡云雾茶一春。

著名茶山画家赵乃璐/创作

87

十三、六安瓜片 裕泰飘香

明前新雨，大别新芽。四面茶山碧绿"舒翠"，溪水潺潺清澈如镜，一畦畦茶树间都是茶农弯身低头在采摘茶叶，山路间穿梭的是驮着一筐筐鲜叶奔向吴裕泰茶叶加工厂的摩托车。看到这些，山间的人们会告诉你茶季的高峰期来临了。金寨县茶山，茶季里茶农即使熬红了双眼，一般还不愿意放下

手中的活计，因为一年的收成就在这前后一个月，茶叶能早一天采摘，价钱就会差很多。刚刚忙了一夜的茶农们还在分拣茶叶，不为别的，只是为了给北京的消费者做出最好喝的六安瓜片。每当此时，吴裕泰的质检、采购人员来到产地，督战春茶的加工生产。从海南、云南、浙江一路北上，他们寻茶的脚印，仿佛踏出了一条通往春天的路。

远方烟云笼罩的大别山奇峰时隐时现，桥下清凉澄碧的河水穿行如练，窗外兰草丛中的金黄油菜洗尽铅华，乡村巴士载着吴裕泰年轻找茶人在蜿蜒起伏的山路上行走。车停在村乡汽车站，白墙黑瓦式的建筑错落分布于山水之中，从山顶一直蔓到山脚的那一片青绿，便是每家每户的小茶园。山顶被烟云环绕，山腰上是几位背

着竹筐采茶的茶农,恰似点点繁星。当我们沿着30度左右的陡坡艰难爬到半山腰时,善良的大别山茶农对我们这些"不速之客"亲切地微笑。每年茶季都会有城市里的"茶商"来茶园采茶,借以在纷繁的世务中"偷得浮生半日闲"。对此,茶农已习以为常。

"瓦铫煎松蕊,馨香透碧纱",金寨县不仅茶叶闻名遐迩,而且是革命老区,这里走出了共和国百余位将军,英杰辈出。2007年吴裕泰携北京市支持革命老区50万元资金,在金寨县合作建立了吴裕泰金寨茶叶加工厂,时任北京市委常委牛有成前来指导工作。一只金凤凰飞到六安,来到这里栖息筑巢,致使梧桐枝繁,芳草叶茂,销售茶叶的龙头企业与产地企业结合,共同推动茶产业快速发展,形成良性循环,带动茶叶走向精制产业,引进先进的加工设备,以质取胜,精选原料,实行标准化生产。在产茶地,茶厂大多夜里干活,这是因为要把每天傍晚茶农送来的鲜叶连夜加工,一个车间的年产量能达到几万斤。为了应对最繁忙的茶季,师傅们将会通宵达旦地加工茶叶。

六安瓜片,中国十大历史名茶之一,简称瓜片,具有悠久的历史底蕴和丰厚的文化内涵。唐称"庐州六安茶"为名茶。明代始称"六安瓜片",为上品、极品茶。清代为朝廷贡茶。六安瓜片为绿茶特种茶类,采自当地特有品种,经扳片、剔去嫩芽及茶梗,通过独特的传统加工工艺制成的形似瓜子的片形茶叶。产于皖西大别山茶区,其中以六安、金寨、霍山三县所产最佳。

茶树经过一冬天的蛰伏,在每年的4月气温升高时开始萌芽,一芽一叶。到了四月上旬,第二片叶子长成,再过几天,第三片叶子也长了出来。到谷雨前后,当第四片长出时,第二片叶子就可以采摘了。这第二片叶子是枝头上最精华的部分所在,第一叶是不要的,因为一直包裹芽头,长出来时已经老了,第三和第四叶还过于柔嫩,含水量太高。只有这第二片叶子最佳,营养丰富,嫩度最好,用它制作成的瓜片是顶级瓜片。在吴裕泰基地看到,用第一叶制成的叫"提片",第三、第四叶制成的叫"梅片",现在则统一称为瓜片了。关于开春之头的几片叶子,六安当地流行着这样的比喻:第二片恰是二八少女,风华正茂;第三片是二十出头的姑娘,袅娜多姿;而第四片叶子已是二十六七的熟女了,不过还是风韵犹存;到了第五片叶子,是四十岁的少妇,自有她的味道在。再往后,就是薄暮之秋,风头不再。四季的轮回,总是悄悄地,在时光的无声变迁中转换着人们眼中的色彩。春日里温暖的嫩绿茶芽,觉醒着一颗颗沉睡的心灵,不断带来一丝灵动和生机。

吴裕泰质检人员说,六安瓜片的采摘不但要快,还有很多讲究,如只能采摘最嫩的叶片,不能带芽,也不能带梗,而且要单片采摘。在所有茶叶种类的采摘中,瓜片是唯一一种每片叶子都得单独采摘的茶叶,采摘时还得保证采的叶子不能受损,不能直接折断枝条,所以技术要求很高。每到收茶的季节,采茶工早早就上山了,中午也不下山休息,而是在茶园旁边找个地方用餐,吃完饭稍作休息就又开始采茶劳动了,一直采到下午五点钟。这样一天劳作十多个小时,平均每人一天也就采摘三四十斤鲜叶。一斤茶要四五斤鲜叶制成,一个人辛苦采一天,却还做不出几斤干茶。所以,从这里就可以看出六安瓜片作为唯一一种单片绿茶其采摘的复杂性。当地的采茶工个个眼明手快,手比剪刀还快,在茶树的梢头上下翻飞,心却柔似水轻摘细放,一丝不苟。整个采茶季节,茶叶的汁液会把姑娘们的双手染成乌黑色,要很久才能褪掉。姑娘们三五成群,在茶园里采着茶,唱着山歌,是采茶时节一道亮丽的风景。

在车间里,鲜叶采回来以后,需要及时摊放,在阴凉通风处摊成一定的厚度,隔两三个小时翻一翻。这样原本没有味道的叶子经过几个小时左右的摊晾后,会散发出淡淡的花果香。六安瓜片茶一般是上午采,晚上炒制、烘焙。炒烘不但有很高的技术要求,对火工的拿捏堪称极致,对体力也是很大的考验,制茶通常由男人完成。杀青能够使茶叶中的酶在高温下失去活性,没有酶催化的叶绿素不再被分解,保证了茶叶的绿色。每次炒茶只能投放一至二两的鲜叶,让每一片叶子都接触到温度在

150摄氏度左右的锅底,这个温度不能再高,否则叶子就被炒煳了,听到鲜叶与锅底碰撞发出噼啪声最为合适。炒生锅的时候,扫把要向上托着,不断旋转叶子,使其沿着锅边抛起落下。在炒熟锅的过程中,对火候的把握、拍打的力度都十分讲究,在这一过程中,不但要给茶叶定型,还要使茶叶的香气透出来。

制作瓜片的叶子,要在一枝茶梢出两片叶子、叶子开面犹如瓜子外形时采摘最好,到一梢长出四叶的时候就晚些了。每年的瓜片预计要到4月下旬左右才能上市。制作瓜片尤为辛苦复杂,最辛苦的烘制环节,做瓜片讲究翻烘,即七八十个炭火一字排开,工人们要抬着装满瓜片的烘篮边烘边翻,七八十个炭火走下来,直至茶面挂霜,而工人们则无一不是大汗淋漓。

六安瓜片依然保持着传统的制作工艺,不因复杂而敷衍,也不因精细而失去耐心。在对火工的极致运用和拿捏中,将一片普通的叶子锻制出奇崛的底蕴和香气。杀青和定型只是六安瓜片制作过程的前奏,在做六安瓜片茶刚走出了第一步,后面火的考验才是重头戏,直接决定着瓜片的口感和香气,是影响成品茶质量最关键的步骤。炒制好的茶经受的第一道火叫"拉毛火"。首先用上好的栗炭堆架燃火,在上面罩上竹条编的烘笼,然后放入三斤左右熟锅炒好的茶。烘顶的温度保持在100摄氏度,在烘的过程中每隔两三分钟要翻动一次。等到茶叶八成干的时候,就可以出笼了。茶叶拉完毛火,已经变成细长的瓜子状,颜色也由暗绿转变为翠绿,非常好看。

六安瓜片加工的最后一道工序是拉老火,整个过程只能用"壮怀激烈"来形容。18块砖围成一个火龙,里面放上80斤木炭,蹿出盈尺火苗,两个制茶师傅抬着直径约1.5米的大号烘笼,放在炭火上几秒钟,在熊熊火焰上一罩即走,马上抬下来进行翻动。这一只烘笼刚抬下来,等在一旁的另一只就被师傅们抬了上去。刚抬下来的烘笼趁着热劲翻弄几下后再抬上去烤。边烤边翻,一点工夫也停不得。拉老火的场面热火朝天,三两个竹笼交替进行,边烘边翻。师傅们马不停蹄地抬上抬下,配合十分默契,顾不上手被滚烫的茶叶弄成了焦炭色,脸上不断冒出汗水。每一笼茶要烘烤150多遍,拉老火讲究抬笼要快、翻茶要匀、拍笼要准,经验不丰富是做不到的。不但有这些动作上的讲究,对火候和温度也丝毫不能马虎,火头不能老、否则影响成茶的香气,造成茶叶有苦涩味儿。当经过几十多次的烘烤之后,茶叶里面的有机物会在高温下升华,茶叶的表层爆发出一层白霜。看到这层白霜,师傅们才放下心来,这时茶叶形如瓜子,叶底泛绿,叶面起霜,整个制茶过程宣告完成。制茶不单纯是一门产业,而是匠心独具的一门古道,"一采、一烘、一炒"中的智慧,是让现代人崇敬的悠悠传统,六安瓜片做出来着实不易,从采摘的严格,到制作的一丝不差,其中稍有不慎,便会前功尽弃。

吴裕泰公司基地生产的上乘六安瓜片以嫩栗香或带花香而闻名,六安瓜片,一般都采用两次冲泡的方法,大致有几个步骤:润茶——先用少许的水温润茶叶,当然水温一般在80摄氏度左右,因为春茶的叶比较嫩,如果用100摄氏度的水来冲泡就会使茶叶受损,茶汤变黄,味道也就成了苦涩味。摇香——"摇香"能使茶叶香气充分挥发,使茶叶中的内含物充分溶解到茶汤里。领韵——待茶汤凉至适口,品尝茶汤滋味,宜小口品啜,缓慢吞咽,让茶汤与舌头味蕾充分接触,细细领略名茶的风韵。品茶——"六安三开",此时舌与鼻并用,可从茶汤中品出嫩茶香气。茶,最普通,任何一个人都可以拿得起它;但茶叶最不普通,只有用心才能泡出茶的真味,品出茶的一抹清香。

被誉为"华东地区最后一片原始森林"的天堂寨景区就位于安徽省金寨县与湖北省罗田县交界地区的大别山腹地,更为奇特的是蝙蝠洞的周围,整年有成千上万的蝙蝠云集在这里,排泄的粪便富含磷质,有利于茶树生长。当初,吴裕泰公司将这里选为茶叶基地,有自己的独到见解。这里常年气候温和,非常适合各种农作物的生长。天堂寨还是"花的海洋""动植物的天堂",山以云为衣,云以山为体,烟云缭绕,气象万千。飞瀑龙潭是天堂寨的中心景观,95%的森林覆盖率,涵养了丰富的水源。令天下名山相形见绌的是这里的瀑布,天堂寨共有大小瀑布100多道,在景区内终年不断。

在浩瀚的林海中,既有珍稀植物连香木、香果树,又有天堂寨独有的草本植物白马鼠尾草。苍劲挺拔的黄山松造型奇特,千姿百态。杜鹃花、红枫树、针阔叶混交林、天然次生林等,衬托出天堂寨的色彩绚丽多姿,高山草甸的厚厚草坪,仿佛展现出茫茫草原的风采。大自然巧夺天工,将天堂寨的山峰、岩石雕凿成奇形怪状、造型各异的盆景园,妙趣横生。天堂寨独特的花岗石及花岗片麻岩,使其风化成群山环抱、山峰林立的地貌特征,从而形成了天堂寨森林公园特有的山岳风景。

枪旗冉冉绿茶园,谷雨声声小鸟鸣。绿水青山映彩霞,背上蓝天来采茶。摘带瓜片蒸晓露,不堪无忧日西斜。茶人艰辛藏茶山,六安好茶状如瓜。

著名茶山画家赵乃璐/创作

十四、茉莉花茶 香蕴苦寒

北京虽不产茶，但是老北京人爱喝茉莉花茶可有年头了，无论冬夏，无论贫富，茉莉花茶的香气总是浸润着老北京人的喉咙。多年来形成的品茶习惯，将不少老北京人的口味吊得很独特，茉莉花的芬芳与茶香相互交融，浓浓淡淡、千回百转，凝固了几代老北京人对于茉莉花茶的芬芳记忆。

夏日时节，又到茉莉新茶上市之时，各家茶庄的老茶客们纷纷寻香而至。在百年老字号吴裕泰，一位前来买茶的老人说，花茶是家中与油盐酱醋同样重要的必备，小时候家中每每客到，长辈们端出待客茶盘必是青花小盖碗配上清澈透亮的茉莉花茶汤，掀开杯盖后满屋都是温暖的茶香。说到为什么会专门选择吴裕泰茉莉花茶的缘由，老人笑笑说："我们家每到过年的时候，吴裕泰的茉莉花茶一定是年货单中必买的年货之一，没有什么原因，就是一种习惯。"

对北京人来说，茉莉花的味道太熟悉、太常见了，绝大多数人，尤其是北方人，对茶的认知和启蒙几乎都是从茉莉花茶开始的。一杯高档的花茶，喝到嘴里带着茶的苦涩，后来，茶的苦涩被遗忘在脑后，花的芳香却一直伴随着你，直到最后走进淡淡茶香花香共语的王国。虽然在大千世界里有更多种符合人们对富贵荣华、清新高雅想象的花,人们却独独选择了茉莉花与茶相伴,足见她的不凡、高雅、清新、不俗、不媚、不夺等品质早已迷倒折服我们的先人。

伴随着那首人人都耳熟能详的《好一朵茉莉花》:"好一朵美丽的茉莉花,芬芳美丽满枝丫,又香又白人人夸……"茉莉花把自己的灵魂浸染进了绿茶的躯体,让这抹清新、独特、平易近人的花香走入千家万户,唤醒了因忙碌而迟钝的嗅觉。茉莉花之所以广受北京人欢迎,大概是因为与北京人的性格很贴切。茉莉花的花形珠圆玉润,毫不张扬,花香淡雅持久,而中国人崇尚儒家文化,主要是做人讲究不露锋芒、谨慎低调,做事主张厚积薄发、持之以恒,这和茉莉花似乎一样。

"世界茉莉花看中国,中国茉莉花看横县",这句话听起来似乎有些玄乎,没到过广西横县中国最大的茉莉花产地的人们对这句话无法想象,也不会有感性认识,但亲眼所见便知此话并非夸张。走进广西横县就会领略到"百里花开,万里花香"的独特景象。放眼远眺,偌大广西横县十万亩茉莉花如瑞雪浮云,圣洁如玉,清雅恒悠,特别醉人,在这弥漫着天香的花的世界里,勤劳的花农在烈日下顶着骄阳,冒着高温,在花田里一起采摘希望。广西横县之所以有着"中国茉莉之乡"的美誉,是因为这里的茉莉花产量大,种植面积近七千公顷,茉莉花年上市八万吨,茉莉花的产量占全国的80%。"横县茉莉花茶"被国家质量监督检验检疫总局批准为地理标志产品保护,因此,成为吴裕泰的"御用"茉莉花。

横县人民政府多年来狠抓"标准化"生产、推进"国际化"发展、文化与产业融合"三管齐下"的努力下,广西横县政府始终坚持着一个信念:"我们坚守着祖先们留下的这块圣地,把绿色有机茉莉的生态实验田继续下去,是我们农业发展的方向,要从源头上提升茉莉花茶的质量。"为提升茶产业发展水平,横县政府积极鼓励花农生产从家庭作坊式经营向股份合作等规模化经营转变,组建了近百个茉莉花专业合作社,横县政府相关部门为花农们制定了严格的标准化要求进行茉莉花种植管理,每年春天,他们都会将经过一个冬季休眠的花枝剪掉后施入有机肥,促发新芽,到6月中下旬,开始采花上市,直到9月下旬花期慢慢结束,这期间都会严格控制农药的使用,多施有机肥,不用化肥,同时,采用低残留药,如生物农药等防治病虫害,使茉莉鲜花达到无公害农产品的要求,这样生产出来的茉莉花花蕾大、花朵饱满洁白、产量高、香味浓、质量好,为北京消费者买到货真价实的茉莉花茶提供了渠道保障。通过规模化区域种植与管理技术,把企业与基地、花农紧密联系在一起,使产业链不断延伸,做大有机茉莉花,使广西横县的茉莉花品牌声名鹊起。

广西横县种植茉莉花自然条件得天独厚,这里所产的茉莉花以花期晚、花期长、花蕾大、花朵肥、花瓣白、产量高、质量好、香味浓而闻名。在横县的田间地头,一片片的茉莉花遍地生长,尽情开放。在这个弥漫着天然茉莉花香的世界里,勤劳的花农每到下午两三点以后,就像田间辛勤劳作的蜜蜂一样,顶着烈日,采撷花朵。"天晴空翠满,五指拂云来。树树奇南结,家家茉莉开。"这诗就是广西横县茉莉花开时节的真实写照。

一个干活麻利的花工一个小时也就能采摘两到三斤茉莉花,茉莉花的收购价近年来节节攀升,一斤茉莉花的收购价从几年前的六七块钱,到了现在的10—15元,100斤上好的茉莉花茶窨花要用掉600斤左右的茉莉花,100斤普通的茉莉花茶窨花也要用掉200斤左右的茉莉花,这几年,生产茉莉花茶的成本诸如茶坯、窨花用的茉莉花、人工、加工过程中所用的样样涨钱,加工生产周期长达半年,可有些中低档的茉莉花茶零售价和上世纪80年代的价格相差无几,但为了让老顾客们花不多的钱就能喝上原汁原味的茉莉花茶,吴裕泰在有些茉莉花茶品种的经营上真的就是在赔本赚吆喝。

虽然大家都喜爱吴裕泰花茶,但窨制茉莉花茶的复杂过程却鲜为人知。首先,挑选适合制作花茶的茉莉花和茶坯就是一个艰苦的过程,为了让北京人喝上品质优良的茉莉花茶,吴裕泰精心选择含苞欲放的茉莉花朵,花的香气浓度要适当,还要有较高的鲜灵度;而制茶坯的茶叶都是辗转数地,从千里之外的福建、安徽、四川等地运送至广西横县等吴裕泰的窨花基地,茶叶均采于明前或谷雨前后,这时的茶叶少受病虫侵扰,同时要经过严格的检验,一处不达要求便不能做茶坯之用。

好的茉莉花茶可说是融茶叶之美、鲜花之香于一体的艺术品。茉莉花茶最关键的环节是窨制拼和,鲜花吐香、茶坯吸香,八吐八吸,花茶合一。茉莉鲜花在酶、温度、水分、氧气等作用下,分解出芳香物质,随着花的开放而不断地吐出香气来。茶坯吸香是在物理吸附作用下,吸香同时也吸收大量水分,由于水的渗透作用,产生了化学吸附,在湿热作用下,发生了复杂的化学变化,茶汤从绿逐渐变黄亮,滋味由淡涩转为浓醇,形成特有的花茶的香、色、味。孙丹威的徒弟孙情在每年生产茉莉花茶的季节,都在广西横县的窨花基地,为的是盯住窨花过程的每一个环节。高温酷暑,舟车劳顿,睡在100元一晚的招待所,吃在厂里,每一次"看茶"回来,她都要瘦掉几斤。

吴裕泰茉莉花茶所用原料嫩度好,外观上,常为一芽一叶、二叶或嫩芽多,形条索紧细匀整,外形秀美。冲泡后更是线条优美,如花瓣在杯中舞蹈。色彩上,吴裕泰的茉莉花茶色泽嫩绿、黄绿,富有光泽。冲泡后香气鲜灵持久,汤色清澈明亮,叶底匀嫩柔软。不像有些茉莉花茶香气薄、不持久,一泡有香,二泡就闻不到香气,浓度比较低。味道上,吴裕泰茉莉花茶滋味纯正浓醇,泡饮鲜醇爽口,茶香中不掺杂一点烟焦味及其他异味,唇齿间流出的只有茉莉花的芬芳和茶叶的香醇。花茶是诗一般的茶,它融茶之韵与花之香于一体,通过"引花香,增茶味",使花香茶味珠联璧合,相得益彰,从花茶中我们可以品出春的气息。

人为万物灵,茶为草木英,为了让大家喝上放心的茉莉花茶,公司的每批茶叶都送到质检部门进行检验,对销售的茶叶全部按照国家标准进行检测,这在北京同行业中是最早发起的。每年在茉莉花茶加工制作期间,吴裕泰质管人员在横县一待就是两三个月,这样可以实现从源头保证茶叶质量。他们还不断加强茉莉花种植栽培、加工和综合利用方面的研究。在种植栽培方面,研究如何进行老的茉莉花园改造,通过实施科学的栽培管理技术,提高茉莉花的香气,尤其是要通过改进茉莉花的窨制工艺,提高茉莉花在窨制过程香气的利用率,提高茉莉花茶的窨制效率。每年新茉莉花茶上市前夕,吴裕泰质检人员都会从留样罐里取出往年的茶样,通过外形、香气、汤色、叶底等环节进行对样审评,确保上市新茶品质保持稳定。

在许多消费者的观念中,误认为茉莉花茶中必须有茉莉花才能称得上高品质,个别茶商便利用这一误区,将别人用过的废花拌入茶中以次充好。真正高品质的茉莉花茶香气完全来源于窨制过程中的吸香吐香,真正高品质的花茶恰恰讲究的是茶中无花蒂、花叶。因此消费者在选购茉莉花茶时,不能以是否有茉莉花在其中作为判断依据。正确方法应是先看其外观。一般特种茉莉花茶所用原料嫩度好,常为一芽一叶、二叶或单芽多,芽毫显露;特级、一级茶所用原料嫩度较好,条形细紧,芽毫稍显露;二级、三级茶所用原料嫩度稍差,基本无芽毫;四级、五级茶属于低档茶,原料嫩度较差,条形松、大,常带茎梗。茉莉花茶是一种商品,是商品就要在市场上流通,对于消费者来说,知名的品牌,放心的茶叶质量以及合理的性价比才是重要的,学会鉴别和选购茉莉花茶,是维护消费者自身权益的一项重要举措。作为一般的消费者,选购茉莉花茶主要靠感官品质审评来鉴别。感官品质审评主要是闻其香、观其色、看其形。茉莉花茶有香气,既有清香又有幽香,凡夹有异味的品质一定不佳。然后是观色,茉莉花茶色泽呈褐绿,且有光泽,也就是俗称的"宝色",如发现叶色混杂,可疑为假茶。手摸,茉莉花茶条索紧结,如触感条索过于细长或宽圆,就可能不是好的茉莉花茶。

作为消费者还应当学会分辨新茶和陈茶。吴裕泰专业人员介绍,新茶是指当年采制的茶叶,上一年或几年前采制的茶叶称为陈茶。对绿茶、花茶、白茶等茶类来说,以新为贵,也就是说应该喝当年采制的新鲜茶。比如绿茶的陈茶是因贮放过程中有效成分发生理化变化,使茶叶有益成分下降,导致品质下降,产生陈味陈色。如外形色泽灰暗,茶梗枯脆容易折断,断处呈黑褐色;陈茶内质热,嗅有陈气,无芳香,冷嗅香气较低且带沉浊。陈化的绿茶汤色泛红，叶底黄暗不明；陈红茶滋味淡薄，缺乏收敛性，汤色混浊深暗，叶底较红暗，不鲜艳。区别新茶和陈茶，可以从茶叶外观色泽来辨别，新茶色泽油润、有光泽、有鲜活感，陈茶外观色泽显暗，无光泽；其次可干嗅一下茶香，新茶香气充足，新的花茶窨制中有清雅花香。陈茶香气低沉或带酸气，陈变严重的立即就能闻到明显的陈气。对茶叶是否为新茶存有疑问时，最好是冲泡后再来辨别，可以较明显地区分。放心的茶叶质量来自于正规化的茶叶产、销、研一体化的基地。

在吴裕泰花茶拼配车间里，茶叶生产，加工，分装全程实现清洁化。所有工作人员进入车间都要穿上连体洁净服，才可以进入车间。在茶叶理化实验室对所有批次茶叶都要进行质检，分析检测茶叶的理化指标，精准掌握茶叶水分、农药残留等相关数据，确保吴裕泰茉莉花茶的质量始终如一。茉莉花茶既具有茉莉花馥郁鲜灵的芳香，又具有茶叶原有的醇厚滋味，具有宣肺止咳，降火解毒，疏理肝气之功效，茶叶本身具有利尿排毒、降脂、降压的功能，再加上茉莉花香能使人神清气爽。在夏季饮上一杯浓郁芬芳、清香爽口茉莉花茶，能让我们感受到夏天的美好，感受到生活的美好。这时如果再配上绿茶，如一杯香郁的龙井，或一壶鲜爽的碧螺春，抑或一盏碧绿的毛峰……让您重新感知春天的气息。所以，在这样的季节里，一杯茉莉花茶，一杯绿茶，交替品饮，不仅可以驱散体内的寒邪，提神醒脑，清凉爽口，消暑解热，还能让你继续沉浸在春天的怀抱中，拥有绿色的心情和花样的年华。茉莉花茶奇特功效，宋代叶廷圭咏茉莉花茶的诗中，有这么两句："露华洗出通身白，沉水熏成换骨香。"茉莉花茶的制作工艺非常复杂，是由茶和花两种原料加工而成，通过鲜花吐香、茶坯吸香，一吐一吸，使之既有芬芳清雅的花香，又有醇厚甘美的茶味，茶引花香，相得益彰，别具风韵。在过去，北京人生活不离花茶。早年老北京的大碗茶，用的就是花茶中有名的"高碎"。

随着社会的进步和时代的发展，花茶种类已经丰富多彩。除了老北京人喜欢的

"高碎"之外,眼下吴裕泰的茉莉雪针、茉莉茶王、茉莉毛尖、茉莉牡丹绣球等品种销量都非常好,还获得中国茉莉花茶十大品牌奖。由于茉莉花茶既保持了绿茶浓郁爽口的天然茶味,又饱含着茉莉花的鲜灵芳香。 中国著名营养学家赵霖教授也曾在养生讲座中讲道:原来法国就做过一个统计发现香水工厂里的女工没有得肺病的。同样,赵教授在中国市场也做过一个调查,茶叶店里边好像得肺结核的也特少,因为茶叶里有各种各样的芳香性的物质。茉莉花茶之所以在欧美非常有名,是因为茉莉花茶既有茶叶的功能还有茉莉花的功能。茉莉花有很强的保健功能,所以欧洲有一句话,说在中国的茉莉花茶里能闻到春天的气味。

2014年8月,三伏天一过,炎热的夏日进入了尾声,每年这个时节,北京的老茶客们便知道吴裕泰茉莉新花茶要上市了。与往年不同的是,今年北京的花茶市场迎来了来自"茉莉之乡"广西横县政府副县长覃志坚及茉莉花茶茶农代表一行,在吴裕泰王府井茶馆举办了隆重的进京推介会,他们不仅带来了今年的茉莉新茶,还将百余斤洁白的茉莉鲜花、茉莉花球带到北京送给京城茶友。

吴裕泰公司推介会是一年一度的"中国国际茉莉花文化节"首次在北京设置分会场活动,现场吸引了近百名吴裕泰老茶友参与,中华慈善爱心公益形象大使,女高音独唱演员于珈以一首《好一朵茉莉花》隆重拉开活动序幕,北京书法家协会秘书长田伯平当场书写:"金风送爽,茉莉飘香",东北兵团老战士表演艺术团也纷纷到场助兴。

这次在吴裕泰公司进行推介的还有一位特别来宾——横县数十万花农的代表李克进。在活动中,他为到场观众介绍了花农们日常种植茉莉花的状况。李克进全家从1980年开始种植茉莉花,种植茉莉花六亩,全年收入达到六万元。横县30万花农因为有了茉莉花,有了茉莉花茶,有了采购和销售茉莉花茶的众多茶企,横县人民才有了幸福生活,才有横县社会经济的快速发展。"能够代表横县30万花农来到北京,见到传说中的王府井大街、来到著名吴裕泰茶庄看到自己家生产的茉莉花制成的茶叶受到顾客们的喜爱，是件特别骄傲的事情。"

　　在遍布京城的吴裕泰连锁店里，其自拼的从高档的茉莉雪针、茉莉茶王、茉莉虾针、茉莉金奖雪针等花茶，平价到30元一斤的高碎都杯杯香醇耐泡，"香气鲜灵持久，滋味醇厚回甘，汤色清澈明亮"。吴裕泰茉莉花茶用鲜灵香气赢得了一代代北京人的青睐。真可谓"半生喝茶，一世情缘"。这也许正是它能保持京城同行业内年销售额第一的秘诀。不难理解为什么吴裕泰把国家级非物质文化遗产茉莉花茶窨制技艺看成是镇店之宝了。

　　茉莉天资如丽人，肌理细腻骨肉匀。众叶冉冉开绿云，小蕊大花真美丽。素馨于时亦呈新，蓄香便未甘后尘。

著名茶山画家赵乃璐/创作

十五、翠谷幽兰 王者之香

人间春天芳菲尽，山寺桃花始盛开。好饭不怕晚，等待茶盏中的一道好滋味自然也是不怕迟。茶是一枚树叶，但茶又是一种生活境界，不曾彻夜思虑过茶的人，又如何能抵达那份澄明呢？每年春茶上市的大好时机，吴裕泰公司各专卖店不约而同都在催促快送些"翠谷幽兰"茶来，每逢这时吴裕泰公司各门店经理都要耐心地向众茶客解释，因

为高山峡谷春天来得晚，茶树的生长期长，"翠谷幽兰"春茶上市自然也就比较晚。第一批翠谷幽兰新茶上市要到每年6月份。

这么让人惦记的"翠谷幽兰"，来自四川雅安蒙顶山这片古老的产茶区。这里自古就与中国茶有悠长的渊源，蒙顶山被誉为"世界生物之窗"，拥有数不清的珍稀动物，奇异的花卉，罕见的竹林和名贵的药材。但因四川雅安为山高水远、交通闭塞，这里产的茶，多是本地人饮用，成为"养在深山人不知"的地区茶。除此之外，这里还是历史悠久的中国"兰花之乡"。

现存世界上关于茶叶最早记载的王褒《童约》云："灵茗之种，植于五峰之中，高

（左侧竖排）吴裕泰新注茶经

不盈尺，不生不灭，迥异寻常。"说的就是西汉甘露年间，吴理真将七株茶树植于蒙顶山五峰之间，开启了人工植茶的历史先河，由此证明四川是茶树种植和茶叶制造的起源地，蒙顶山也因此而成为了世界茶文明的发祥地和世界茶文化圣山。蒙顶山茶享有"仙茶"之美誉，凭借它独特的品质、精湛的制作技艺、娟秀的外形、悠久的历史和灿烂的茶文化而蜚声中外，载誉史册。远在东汉，已有"雷鸣茶""吉祥蕊""圣扬花"等茶问世。"茶为水骨，水为茶神"，取一瓢清泉煮沸，看碧绿的甘露瞬间在水中绽开，翻滚、沉浮、载浮载沉，仿佛进行一场曼妙的表演。舞动过后，它们便直直地立在水中，层次分明，秩序井然。茶色碧绿澄清，茶味醇和鲜灵，茶香清幽悠远……此时此景，面对绿莹莹的满杯绿色，感受那绿色化在口中的甘甜，怎不"仙游恍在兹，悠然入灵境"？

回顾历史，蒙顶山茶自唐天宝元年入贡皇室，一举成名，从此名播神州。当时进贡长安的散茶类有雷鸣、雾钟、雀舌、鸟嘴、白毫等，紧压茶类有龙团、凤饼。宪宗时，蒙顶山茶已成为进贡最多的一种，《元和郡县志》载："蒙山在县西十里，今每岁贡茶，为蜀之最。"蒙顶山茶因入贡京华而誉满天下后，引得无数达官贵人不惜重金争相购买，身价百倍，昂贵异常。不仅如此，蒙顶山茶在唐文宗开成五年作为国家级礼茶，漂洋过海传到国外。

蒙顶山茶声名远扬，使之成为历代文人墨客吟诵的对象。历代达官贵人、文人墨客盛赞蒙顶茶的文章数之不尽。唐代大诗人白居易《琴茶》诗有"琴里知闻惟渌水，茶中故旧是蒙山"的咏叹。"渌水"是古代名曲，白居易将其与蒙顶茶相提并论，足见白居易对蒙顶茶的喜爱。唐代黎阳王《蒙山白云岩茶》诗有"闻道蒙山风味佳，洞天深处饱烟霞……若教陆羽持公论，应是人间第一茶"，表达了他对蒙顶茶酷爱至深的感情。宋代诗人文同《蒙顶茶》诗有"蜀土茶称圣，蒙山味独珍"的赞颂。唐宋大家孟郊、韦处厚、欧阳修、陆游、梅尧臣等，都留下不少以蒙山茶为题的诗文。明清时代的诗文题词则更为丰富，当代诗人、文学艺术家也留下了许多吟诵蒙顶山茶的华章佳句。历代文人对蒙顶山茶文化的偏爱,让名山区因茶而闻名天下,蒙山茶也滋养了文化名人"以茶悟道、以茶思源、以茶会友、以茶作礼"的灵性和感恩的心性。

蒙顶山茶的另一个辉煌是开辟了茶马古道。茶马古道全长四千余公里,具有深厚的历史积淀和文化底蕴,是古代西藏和内地联系必不可少的桥梁和纽带。茶马古道维系着民族团结的千秋大业,悲壮沧桑的背夫文化,连接汉藏民族源远流长的兄弟情谊。

蒙顶山位于成都平原边缘之褶皱高山,属邛崃山脉之枝梢,倾向与地层构造一致,为构造式地形,其走向为东北向西南,海拔最高1456米,高出名、雅两县丘陵区800米,这一带总称为蒙顶山。其坡度一般为15度—35度、年平均温度13.4摄氏度,年温差20.4摄氏度,冬季一般不冻土,常年冬春无显著的干旱现象,年平均相对湿度81%。因此,雅安地区属暖温带潮湿气候类型。植被丰富属落叶常绿阔混交林,环境好、负氧离子高、腐殖质含量高。

蒙顶山上一棵棵古茶树与参天的森林混生在一起,百年的大树上浑身披挂着绿色的苔藓,树身上还寄生着数不清的植物,一些花草藤萝,山菌野菇也把大茶树作为他们生长的家园。古茶树是指存活百年以上、没有人为干预的茶树,这些茶树已适应当地的环境,有抵御病虫害的能力,扎根很深,能从土壤中吸取足够的养分,大茶树不需要使用农药和化肥。所制之茶富龙井之清香,蕴信阳毛尖之浓厚,含碧螺春之鲜醇,包容性地吸收了江南百草之精华,被誉为茶中"精品"。

然而,雅安这个出产了一千多年茶叶的地方,却没有在全国叫得响的名茶,水有源,山有峰,茶树遍天下,发源蒙山中,好茶都出自高山,生存条件越恶劣,茶的品质越出众。梅花香自苦寒来,这句话用在翠谷幽兰身上,是再贴切不过了。然而茶没有梅花的热烈和耀眼,只在苦寒中默默酝酿着来年的芳香。被人们品饮后誉为

"神奇之韵"的翠谷幽兰，仿佛千百年来一直默默留存在那片原始、神秘、美丽、富饶的土地上，静静地等待着今人的开悟。

满山青翠间，缠绕着淡薄的云雾，各个山头是一层层错落有致的茶园。这在蒙顶山是再平常不过的景象。春暖花开的时节，茶叶在地里一行行一排排地站成一片绿色，在山坡里一垄垄一圈圈地组成遍山风景，绿色便嫩得闪亮，鲜灵灵地浸在茶尖上，茶是有灵魂的，它和人一样，具有茶品，它不虚浮，充满坚韧，始终挺拔，它发出幽幽清香，高洁而纯净，它不容污染，它很美。吴裕泰公司的找茶人被这茶所吸引，情便为茶而生。

吴裕泰专业团队在雅安茶人的带领下来到四川雅安茶区，在去往蒙顶山的路上，边走边聊，发现当地茶人与茶有着不解之缘，茶人说这里已是海拔1200米了，是一片基本上未被人类操作过的天然茶林，即使伴生的人工种植的小树，也比别处的"正点"得多，显然得益于得天独厚的地理优势，又潮湿又有充分日照，各种营养成分能持续提供。这片野生茶林它们多生在岩石缝隙间和谷地烂石堆中，枝叶繁茂，有的攒成堆，有的连成线，有的结成片，正是这些少量的人工修整的痕迹，才更加衬托出整片茶林的原生态。以吴裕泰专业团队的经验，这确实是出好茶的地方！几百年来，土壤中的滋养物把棵棵茶树撑得堂皇而俊美，那一片片叶子在张扬着自己丰润美丽之时也在微微感叹"生在深山无人识"的多舛命运。

"好山好水出好茶"。山水之间的蒙顶山藏大美而不言，纳秀色而内敛。水绕山而行，山依水而秀，群峦叠翠，溪流纵横，云雾弥漫，森林密布。茶与山水，相衍相生，浑然天成。在雅安蒙顶山一带的高海拔、慢生长的高山茶树生长带，除了漫山的野生茶树，周边还生长着一样重要植物，这就是翠谷幽兰另一个重要角色：兰花。兰花属兰科，是单子叶植物，为多年生草本，也叫胡姬花。由于地生兰大部分品种原产中国，因此兰花又称中国兰，兰花是一种以香著称的花卉，具高洁、清雅的特点和时远时近、时浓时淡、时有时无的特征。兰花分春兰、春剑、蕙兰、建兰、寒兰等品种。春兰、春剑2—5月开花,蕙兰4—6月开花,香气清醇、悠长,建兰和寒兰6—11月开花,香气以清冽、高扬为特点。在海拔落差近2000多米的蒙顶山,不同品种的兰花与茶树相依而生。

"香高味浓汤色清,盖过毛尖与龙井,借问陆羽谁为最,翠谷幽兰又一春",这是茶叶专家审评的一致评价。翠谷幽兰之美又在其香,不同的茶有不同的香,或香甜馥郁,或清幽淡雅。这种变幻莫测的美使茶更具迷人的魅力。茶香的清幽之美如兰似梅,虽不浓烈却能飘然入鼻,"斗茶味兮轻醍醐,斗茶香兮薄兰芷。"茶香的悠远之美更让人唇齿留香,这正是"香茗一盏甘与苦,人生百味寓其中"。

翠谷幽兰将产地的茶原料进行科学拼配,制作工艺要求严格,结合传统再加工茶熏花工艺,形成翠谷幽兰独特的品质特征,孙丹威说:"我喜欢翠谷幽兰茶,那种恬淡的香气把人环绕,宁静而安闲。闭上眼睛,翠谷幽兰的兰花与茶完美结合,形态之美若然浮现眼前,如粟粒纤小的芽,如润玉浩然的色,如兰芷般四溢的香随着水气缭绕上升,构成了一幅精美绝伦的画卷。在那样的错觉里,我能看到自己心底的笑容,来自找茶之中已经释怀的往事,那笑容就像手里的一杯清绿的茶,宁静而安详。"

翠谷幽兰清汤绿叶,朴素得有点简单。然而将茶杯放到鼻下,吸一口气,却发现这茶气是如此浓郁,闻之忘俗,品一口入喉,才觉得清新满口,齿颊留香,放下了茶杯,却发现茶的清香甘甜还在口间、喉间久久回荡,余味不绝。泡一杯翠谷幽兰,欣赏茶汤的翠绿清澈,感受绿茶鲜爽、简单而又淡淡的兰香。它的茶香清幽淡雅,要知道茶的味道,便要用心去品,只有静下心神,从俗事的浮躁中暂时脱身,才能从淡淡的绿茶香中品出天地间难以言传的生命之香。

翠谷幽兰自问世以来，广受行业专家和普通消费者赞誉与喜爱，而这一切的取得除了吴裕泰公司呕心沥血的探索，背后鲜为人知的扎扎实实的工作更是必不可少的坚实基础。要想春天有好茶，冬季管理茶园是关键。当地茶农深知好茶不仅来自于蒙顶山的茶园，而更充分的条件则来自田间地头。某些地区气候条件恶劣、土壤贫瘠，其所产茶鲜叶，即使高级技师也炒不出好茶。所以需要农业部门、茶农，茶厂和经销企业共同将茶产业链加以升级，从茶树到茶园，再从茶厂到茶杯，全程监控。四川雅安的茶树看起来一片安静和祥，但是茶农们在长年的劳作中知道，"茶树本是神仙草，只有冬耕少不了""一担春茶百担肥""春季根底肥，春天芽上催"等等的科学道理。茶叶虽然冬天不发芽长叶，但这些叶片冬季也没闲着，它们在不断地进行光合作用，冬季茶树的根更是剧烈地活动，"加班加点"地积累养分，只待来年春天一到，便"蹭蹭蹭"地往茶树顶部输送营养以便茶树萌发新芽。四川雅安蒙顶山的冬天，高海拔茶园土壤温度过低，当地农民在茶树根部铺草以保温，使茶树安全过冬。另外，冬季是环保治虫害的最佳时机，茶农们用"最土"的方法——生石灰喷沥叶面除虫卵。所做的这一切就是为了得到一杯最棒的翠谷幽兰茶。

花开无数个季节，花谢了无数个春秋。翠谷幽兰是山水间美丽的女子，在出嫁之前，要有精美的花轿，还要有足够强壮的轿夫。一款款名茶是茶文化的一个个重要符号。一款名茶的确认，是集吴裕泰找茶人、做茶人的悟性、智慧、知识和经验的结晶，每一款名茶都有着如此强烈的自身符号特征，是出于吴裕泰公司的深厚文化底蕴，本身的艺术魅力和独特的品质特征。最终，翠谷幽兰走出了四川雅安大山，跨过滚滚的长江黄河，翻过蜀地高山，循着绿茶的足迹走进花茶世界的吴裕泰，让北京喜欢喝花茶的人无不对它深深迷恋。孙丹威说，我们已经和"翠谷幽兰"茶结下不解之缘，它表达的是一种淡泊、清爽、平和的心境。翠谷幽兰茶犹如涓涓细流，汇集成生命长河，点点滴滴消融着我们长途跋涉中淤积起来的心灵孽障，是大自然给予人类的精神馈赠。翠谷幽兰以诱人的清香、细嫩的芽头、碧绿的茶汤,征服了一个又一个喝茶人的味蕾。

闻道蒙山风味佳,洞天深处饱烟霞。冰销剪碎先春叶,石髓香粘绝品花。蟹眼不须煎活水,酪奴何敢问新茶。若教陆羽持公论,应是人间第一茶。

著名茶山画家赵乃璐/创作

十六、白茶清香 一缕醉仙

一杯清茶，能冲泡出几千年的历史和文化。当茶成为一种文化，茶中便有了更多滋味和内容，汲泉好共松间煮，洗却尘心赏物华。千滋百味的中国茶，会因为每个人欣赏口味的不同而品味出不同的精彩。而在名茶林立的中国茶海里，吴裕泰公司经营的福鼎白茶以其"大茶无味"般的超然姿态为世人所关注。

1998年初，南方产茶区受灾，不少茶叶产区的产量和质量不如以往，在龙井、碧螺春、黄山毛峰、铁观音、普洱茶之外，能不能找到一种让爱茶人眼前一亮、物有所值，有历史、有文化的好茶，是不少茶人经常思考的问题。吴裕泰人多年来遍访各个产茶区，观察当地茶山的气候和茶树的生长情况，并直接和茶农进行交流，寻觅优质茶叶。付出必有回报，在产茶大区福建福鼎茶区的寻觅过程中，他们被一种久负盛名却一直十分低调的茶品所吸引，这就是在当今茶行业"墙内开花墙外香"的福鼎白茶。

说它"墙内开花"，是因为它并非是"养在深闺人未识"的新品种。福鼎白茶历史悠久，迄今已有880余年。说它"墙外香"，是因为几百年来，作为一种特种外销茶类,95%的福鼎白茶销售到国外,"绿雪芽,今呼白毫……性寒凉,功同犀角,为麻疹圣药。运售国外,价与金埒"。白茶以其浓厚回甘的滋味、天然古朴的制茶工艺、显著奇特的药理保健功能被称为众多名茶中的一枝奇葩。更难能可贵的是,由于福鼎白茶属于高山茶,其采摘时间比平地茶晚,因此完全没有受到年初霜冻的影响,香气、滋味更为醇厚。

提起福鼎白茶,流传着一个美丽的神话:传说在尧时有一位老妇住在太姥山,乐善好施,人称"蓝母"。后来山下麻疹流行,孩童死伤无数。蓝母梦到一位仙翁,教她从峰峦山雾中寻得白茶树,晒干后泡水饮下,救活了患儿,平息了瘟疫。尧被蓝母的圣德感动,封她为"太母"。乡民皆尊称为"太姥娘娘"。

太姥山的古白茶最早在隋朝时就已被外人所知。大约到了明朝,太姥山古白茶开始走出山门,被称做"绿雪芽",并很快在名茶丛中占据一席之地。明人陆应阳所撰《广舆记》里称:"福宁州太姥山出名茶,名绿雪芽。"在当时福鼎白茶已经显露出其珍稀价值。福鼎白茶因爱而生,一缕香气陶醉了古往今来无数文人骚客,曾有人诗赞:"太姥名山产白茶,清香一缕醉仙家,汲泉好共松间煮,洗却尘心赏物华。"

而今的太姥山云雾缭绕,峰峦依旧。1957年茶树良种普查,在太姥山上发现了野生古茶树群落,而且传说中太姥娘娘修炼并得道升天的鸿雪洞附近,更是发现了著名的福鼎大白茶植株。而太姥娘娘留下的古白茶制法同样流传在太姥山乡民中间。太姥山民们将这种茶泡在大茶缸中,味道清爽,久置不馊。曾有人做过实验,福鼎白茶能够保持12天不馊不臭不生茶锈,这大概与福鼎白茶独特的制茶工艺有关。

福鼎白茶采用不炒不揉的传统工艺,以萎凋和干燥两道工序为主,突出其尊重自然、顺应自然、回归自然的特点。萎凋是白茶初制工艺技术的关键环节,通过萎凋,使茶芽自然缓慢变化,最大限度地保留茶叶中活性酶和多酚类物质。福鼎白茶在整个加工过程中基本不作发酵处理和烘烤干燥,是自然萎凋干燥过程,正是这种独特的加工方法,决定了福鼎白茶成品茶叶能够最大限度地保存其中对人体最为有用的丰富活性酶和多酚类物质。同时,福鼎白茶具有隔年保存、越陈品性越佳的特点。在所有的六大类茶中,具备这种特点的只有福鼎白茶和云南普洱等少数品种。陈年福鼎白茶不但越陈越香,而且越陈药理保健作用越明显。在福鼎市太姥山域内的山野村落中,古往今来都以陈年白茶作为药用,诸如四时伤风感冒、祛毒降火、治疗头疼脑热、防癌抗癌、抗辐射、降血压、降血糖等,都是用家藏陈年白茶治愈,效果极为灵验。太姥山区多长寿翁姬,考其原因,其中就与常喝白茶有重要关系。

自古名山出名茶。出产福鼎白茶的太姥山脉位处北纬30度的北温带,日照充足,雨量适度,植被密布,土层肥沃,溪流纵横,这是白茶生长最理想的纬度。茶树生长于崖林之间,根深叶茂。在太姥山脉这种较高海拔的多林、多云、多雾,有机质和微量矿物质含量丰富的特殊地理环境的滋润下,形成了福鼎白茶特殊的种质优势,孕育了蜚声海外的千古茗茶。吴裕泰公司的白茶原料产自福鼎市生态环境优美的贯岭镇文洋西山、管阳镇河山、磻溪镇后坪。近几年来,为了保证福鼎白茶的良性生态发展,福鼎白茶产地开始实施越来越严格的标准化生产和有机绿色食品生产,茶农在种植茶叶时只能施有机肥料,每年还分期分批请专家到每个乡镇对茶农进行无公害生态栽培知识培训,并严把质量关。每当春天茶树发新芽,茸毛密披,阳光照下,银光闪闪,远远望去好像霜覆,这是其他茶园里所看不到的一番景观。

从制茶工艺和保健功效上看,福鼎白茶可当得上是稀而珍,而从它的采摘难度来说,也可以称得上是佳茗难得。福鼎白茶的采摘时间因地区、茶树品种以及制茶种类而不同。福鼎较政和早,白毫银针较白牡丹、贡眉早。春茶在四月清明前后,芽叶萌发符合于采摘标准时即可开采,可采到五月上旬,产量约占全年总产量的50%,夏季采自六月到七月,产量约占25%,秋茶采自七月后。其中以春茶为最佳,叶质柔软,芽心肥壮,茸毛洁白,茶身沉重,汤水浓厚、爽口,所以福鼎白茶的春茶中高级茶所占的比重较大。以福鼎白茶中的极品白毫银针为例,采时只在新梢上采下肥壮的单芽,有的采下一芽一、二叶,采回后再行"抽针"。即以左手拇指和食指轻捏茶身,用右手拇指和食指把叶片向后拗断剥下,把芽与叶分开,芽制白毫银针。如果采摘不及时,采一芽二、三叶的茶青,则芽小、梗长,剥叶后须将过长的梗再行摘除。

福鼎白茶唯一的要求是芽叶兼具,采摘回来的鲜叶要萎凋走水,在萎凋的过程中,在一定的温度下,茶叶内部会发生化学反应。萎凋是福鼎白茶发生化学反应最激烈的阶段,反应速度呈抛物线状,先慢后快,达到极值后再逐渐下降。这也是人类肉眼观察不到的反应,你只能看到它由鲜绿失水变软,慢慢叶片起了褶皱,最后萎缩成一枚干枯的叶子,却不知道就在这短短的脱水过程中,它一路走来,百折千回,峰回路转,最后豁然开朗,定格为最美的模样——福鼎白茶。吴裕泰公司福鼎白茶就像凝聚神奇的七色板,白出了层次,白出了世界,它的芽叶之间是一个色彩丰富的白色世界。跟绿茶和乌龙茶、红茶相比,福鼎白茶的茶多酚含量更高,而茶多酚是天然的抗氧化剂,能有效清除体内的自由基,提高人体免疫力,保护心血管。因为没有经过杀青和烘焙,福鼎白茶保留了大量的活性酶,这些酶能促进脂肪和糖分的代谢,使血糖处于平衡状态,随着人们的饮用,进入人体之后释放出自身的健康因子,修补身体系统漏洞,维护着人体的健康。在茶乡流行着这样一句话,白茶是"一年茶,三年宝,七年药"。所以福鼎一带家家户户罐子里都存放着说不上年数的白茶。头疼发热的时候取出来泡上一杯,立马感觉轻省了许多。而且白茶的存放要求很低,只要干燥、通风、避光、无异味干扰即可。

越来越多的人开始享受饮茶的乐趣,关注茶叶对人体健康有益的话题,却不知道饮茶品茶中蕴含着许多学问,不同季节饮什么茶大有讲究。夏天天气变得燥热,人的心情也随之变得有些焦虑、不安,还会因此带来一些疾病,影响着人们的身心健康。如何在闷热的夏天继续享受春天的微风拂拂,如何在酷暑的夏日领略清爽冰凉? 每年夏天吴裕泰茶专家特意向广大消费者推荐一种健康饮茶的新时尚:白茶。

如今，我们正处在一个飞速发展的时代，社会的急剧变动与转型，极大地加重了人们的精神负担和思想压力。人们奔波不息，倍感疲乏，精神疾患和各种心理障碍的高发，已经成为现代社会的一大顽疾，引起了极大的社会关注和担忧。在品茗的过程中，您沉重的心灵在慢慢挣脱郁闷，心灵会伴随着茶的清香飘逸开来，心中的惆怅会渐渐化解，面临大事有静气的持重。生活节奏越来越快，渴盼、焦躁、失望在增多，每天喝一杯吴裕泰公司的福鼎白茶，借以梳理纷乱的思绪，调整好人们的心情，使纷乱无序的脚步变得踏实，显得更有必要。茶叶是天地之英的精华，汲取了山之伟，地之秀，水之润，茶叶一身春色，泡出了人世间永存的高雅温馨。品茶能以一种慢节奏的方式舒缓神经，并能以一种随时随地都可行的方式引导我们修身养性。

2013年5月18日，吴裕泰在天猫商城的官方旗舰店开业，网络面对的人群遍布全国，如果仅仅把原有的茉莉花茶、福鼎白茶搬到网上，只会让实体店面临市场萎缩，因此，吴裕泰把网店瞄准了年轻人。"年轻人喜欢喝的茶是不一样的口味，吴裕泰公司为他们量身定做。"提出了"大花茶"战略，于是，吴裕泰专业团队遍访全国鲜花产区，将各色花香与年轻女性的喜好结合在一起。玫瑰花、栀子花养颜，玳玳花助消化，桂花有助睡眠，这些都恰恰满足都市白领的需求。经过多次尝试，吴裕泰公司将传统花茶品类中陷入衰微的桂花茶、栀子花茶、玫瑰花茶、玳玳花茶，利用吴裕泰公司的窨制技艺和独特的口味标准重新挖掘、调整和把关，专门为网络商城推出了八款全新窨制的花香茶。

吴裕泰人也铸就了一本新茶经，俗话说"纸上谈兵易，身体力行难"，吴裕泰新著的这本茶经，经得起历史的检验，更经得起市场的检验，一年学得种田佬，十年难学卖茶人，据不完全统计，从1887年至今，吴裕泰卖出的茶叶至少有几十亿斤，相当于把整个中国的所有淡水资源约2.8万亿吨，全部用茶冲沏了一遍，称得上名副其实的茶香全中国！特别是近20年来，吴裕泰的茶叶销售量增加了上百倍，带动了约百万茶人脱贫致富。"吴裕泰"这块金字招牌，在中国茶叶的发展史上熠熠生辉，这更是一部伟大的茶经!

为了让更多的京城百姓买到合适价位的中国白茶,吴裕泰精心选择了多种不同类别、不同档次的上好白茶,既有适合高端消费者的极品白毫银针也有适宜普通消费者的白茶。

众鸟天上飞,孤云独座闲。相看两不厌,唯有白茶美。

著名茶山画家赵乃璐/创作

十七、裕泰芳茗 祁门红茶

一年容易又秋天，立秋意味着从此天气逐渐变凉爽，到了这个季节人们的饮食也随之调整。古人言春夏养阳，秋冬养阴，这是根本。提起红茶有人会问，什么时候喝红茶合适，是不是天气凉了就该喝红茶了？吴裕泰技术人员介绍说："事实上因为红茶温性，一年四季都是可以饮用的。"

进入秋季，天气转凉，空气也越来越干燥。一些爱喝茶的人普

遍认为，在秋天和冬季，喝红茶再合适不过的。因为红茶颜色就给人温暖的感觉，而且入口甘甜，当茶汤由口流入胃里，又暖暖的，十分舒服。茶中之魁总寂寞，红茶在六大茶类中是重要的组成部分，在全球范围内红茶的总产量和总消费量占80%，而在中国则不然。在我国红茶产量占茶叶总产量20%，还有三分之二出口，在市场上红茶很少，同一棵树上长的叶子，用不同的工艺加工，甚至通过不同人的手来冲泡，一款茶的色、香、味、形都能够呈现不同的味道和感觉。孙丹威作为非物质文化遗产茉莉花茶窨制技艺的国家级代表性传承人，拥有着国内一流的花茶拼茶技艺，她将这一绝技在红茶上进行了尝试，经过多次摸索，做出两款吴裕泰自拼红茶。茶叶原料均是来自国内多个茶叶产地的茶叶，通过不同的比例进行拼配，两款茶便表现出

非常明显的风格区别，"裕泰红花香红茶"花香芬芳，"裕泰红果香红茶"则果香突出，凸显各个不同产地茶的优势，呈现出稳定而鲜明的口感。

经营茶叶生意多年的吴裕泰公司做花茶起家，但多年来始终坚持将各地好茶带入北京。孙丹威笑称自己更像个"寻茶人"而非商人，每到一个茶叶产地，一方面寻找最好的名茶茶源，一方面探寻品质好却少为人知的茶叶品种，这是她多年来坚持的习惯。每一块茶园，每一种茶叶她都会亲自去看。著名的红茶品牌"正山堂"的创始人江元勋就是她"寻茶"途中结交多年的老朋友。从正山小种到金骏眉，多年来吴裕泰始终是他们在北京非常重要的合作伙伴，与其说是两位老总的精诚合作，不如说是两位茶叶专家在专业方面的无碍交流。

正是拥有了庞大的采购和供应体系，无论在正山小种、金骏眉，还是祁红、滇红，吴裕泰公司都能够拿到最正宗的原产地茶源，而孙丹威亲自考察和发掘的一些小品种茶更是在吴裕泰这一茶叶销售的大平台上，找到了各自最好的销售渠道。

在炮制各种口味的红茶前，吴裕泰的茶叶专家都要到每一个茶叶产地去寻找最好的茶源。红茶按照茶叶制作工艺说是全发酵茶，茶多酚在氧化酶的作用下发生酶促氧化，促进物质转化。发酵过程中，茶叶变成棕褐色，形成茶汤红亮红叶片，由于茶黄素增加了茶汤明亮度，茶叶边带有金圈。这种发酵还使茶叶的香气和滋味也发生了变化，红茶散发着各种不同的香气和滋味。每年公司自己组织质检人员评审，还会请来茶叶方面的专家以及业内的品茶高手进行严格的密码审评，以保证茶叶的品质始终处于领先地位。

红茶独特的香气让不少饮茶人为之倾倒。经过几百年的演变，品红茶已经从单一的饮品演变成为世界茶文化的风向标。不同的品茶方式展示着不同的文化。中国人品红茶喜欢清饮，这样品茶的好处在于可以最大范围地展现茶叶自身丰满的香气和层次。除了用玻璃杯冲泡可以观赏其优雅而多变的汤色外，功夫红茶算得上是品红茶的最高境界。与绿茶不同，冲泡红茶需要用沸腾的水，这样可以将红茶中的香气全部释放,之后静心等待两至三分钟就可以品尝了。红茶的营养物质有茶黄素、茶红素、茶多酚、鞣酸和多种芳香物质,这一切构成了红茶独有的特性,所以红茶是茶类中一朵奇葩。

在秋日晒满金辉的午后,最适宜邂逅一杯红茶。祁门红茶形好似少女明眸上纤细的柳眉,色泽乌黑油润,满布金毫。投茶冲泡,汤色红亮明艳,宛若琥珀。细嗅香气,一股甜醇沁人的蜜糖香扑面而来,如入花丛。浅尝滋味,鲜嫩甜醇,唇齿生芬。闭上眼睛,茶形茶色犹在眼前,茶香隐约鼻端,茶味沁人心脾,最是一杯祁红茶。

提起祁门红茶,估计很多时尚小资们首先会想到英国的红茶及其下午茶文化。与英国有关的一切都显得风度翩翩,高贵非凡。香袭百年的祁门红茶,曾以其高贵品质征服英伦,成为英式下午茶的首选,而把这种高贵的饮茶文化发挥到极致的英国,又将这一优雅的休闲方式传播到世界各地,难怪有人会把"土生土长"的祁门红茶当成"如假包换"的舶来品。

如果说世界三大高香红茶中的大吉岭一如印度西孟加拉邦淳朴好客的农人,乌瓦是热情善良的斯里兰卡山民,祁门红茶则是土生土长于中国皖南青山秀水间的名门闺秀。祁门红茶创制的具体时间为1875年,至今不过一个多世纪,100多年的时光,却使祁门红茶声名远播,成为欧洲王室贵族嗜茶者眼中的无上珍品,不禁让人对祁门红茶的历史感到好奇。

1915年,祁门红茶获得巴拿马太平洋国际博览会金奖,更是奠定了其海内外的至高声誉,使祁门红茶这个红茶中的后起之秀,一举步入世界顶级名茶行列,并进一步引动了海内外茶客的热情追捧。之后数十年,政局的动荡、战事的影响,对国际茶市造成前所未有的冲击。虽然随着1949年新中国成立,祁门红茶生产一度复兴,但市场的急剧变化,给祁门红茶产业发展带来前所未有的挑战。其间是那些坚信、坚守着祁门红茶品质的一代代做茶人,在春来秋去的耕耘中,将这一中国传统工夫红茶的代表之作薪火传承了下来。

今日之祁门红茶,正是以复兴祁红经典口感,重现正宗"祁门香"魅力为主旨,致力于为广大消费者提供高品质祁门红茶产品。祁门红茶产区地处西北冷空气和东南海洋气团前锋交错的地带,接近亚热带地区边缘。全年气候温和,雨量充沛,空气湿润,基本上无酷暑严寒。春夏季小雾弥漫,平常日光照射较为迟缓,光照适度,因此比较适宜茶叶的生长。由于此地多山,地形起伏,山岳连绵,气温的垂直变化显著,地形较高的历口等地,一般气温较低,湿度也大,雨量较多,云雾较重,不仅茶树生长良好,叶片肥厚,叶汁丰富,而且茶叶中富含香气,品质优良。

在茶产区降雨是茶树生长所需水分的主要来源。祁门红茶产区年平均降雨量在1600毫米以上,高于十摄氏度期间的降雨量也达1200毫米以上,这为茶树的成长提供了有利的条件。另外,祁门红茶区平均每年晴天为45天左右,阴天175天左右,雨天154天左右,雾天86天左右,其中阴雨天占绝大多数,雾天也不少,这对茶叶品质的提高有很大的好处。在祁门红茶制作的关键时期,也就是每年的4—6月,祁门红茶产区的日照百分率都小于40%,对于茶叶持嫩度十分有利,因而也是祁门红茶品质的最佳时期。

祁门红茶产区的土壤主要有千枚岩、紫色页岩等风化而来的黄土和红黄土,大多数属于红褐色砾质粘壤土类型。这些土壤土质肥厚,结构良好,通气性、透气性和保水性都比较好。其中富含氧化铝、铁等成分,极适宜茶树的栽培。在风景如画的祁门金东河畔,现代化、清洁化的祁门红茶产业园已成为当今祁门红茶产制中心的象征,近万亩原产地优质生态茶园、自有知识产权全自动工夫红茶生产线、成为祁门红茶优良品质的重要保障。

虽然祁门红茶的崛起只是安徽祁门红茶进入北京茶叶市场的一个注脚,但这注脚却格外浓艳和醒目。祁门红茶是天地灵秀,云雾滋润的结果。红茶有营养价值和药用价值,这两种价值互不代替,含有营养成分对身体有保健作用。喝红茶不仅能满足身体味蕾的需要,还能对身体有预防疾病作用。红茶刺激性小,在中小叶种红茶中,茶多酚含量较低,口感上不苦不涩,比较醇和柔软,对人体胃部的刺激性小。

这些茶多酚的氧化产物还能够促进人体消化，红茶不仅不会伤胃，反而能够养胃。喝红茶可以提高血液中抗氧化剂的总体水平，有助于预防心脏病。

当然，要想喝到一杯不仅汤色"愉悦"眼睛，口感还能"愉悦"味蕾的红茶，掌握正确的冲泡方法也很重要。将水烧至100摄氏度，茶具以景瓷最宜，装上大约占壶容量百分之五的茶叶，冲入已烧好的热水，冲泡后香气高锐持久，隔45秒左右倒入小杯，先闻香，再品味，满口生香，回味甘甜。

虽然斗转星移，岁月风雨，有些老字号的门店也在城市的变迁中变迁着，但是属于京味的茶叶就像城市的一张名片，在城市的许多地方默默地守望着消费者，并年年奉上百姓喜爱的茶叶。虽然像吴裕泰这样的老字号茶庄个个都是拄着拐棍的年龄，但是这份坚守让我们敬畏并感恩，感恩时代变迁，老字号不老，感恩世上的饮品有千万种，唯有茶水味最浓。一茶一世界，一味一芬芳。世上的饮料有千百种，也许茶水最廉价，但是，茶水有情有义有故事，而且喝吴裕泰的祁门红茶更健康。

问君何意祁门红，笑而不答心自闲。桃花流水宵然去，别有天地非人间。

著名茶山画家赵乃璐/创作

119

十八、清香魅力 武夷岩茶

武夷山的雪,是典型的南方之雪,不会像北方的雪"山舞银蛇,原驰蜡象"的雄伟气势,不会像鲁迅笔下描写的雪,像"小孩的皮肤,滋润美艳之至"。武夷山的雪有所不同,她是一种散发着淡淡茶香味的美丽之雪。武夷山的雪季很短,一般是在春节的那个月里。开始总是淅淅沥沥地下雨,连绵不断,阴冷潮湿。2006

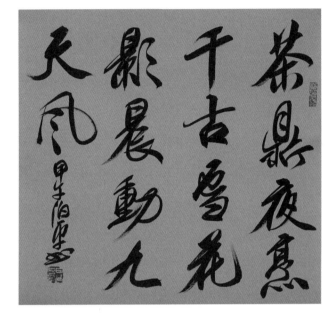

年2月,孙丹威很想看一下茶农们冬天怎样管理茶园的,她带着公司技术人员张澜澜、孙倩走在武夷山的田间路上,一片迷蒙,这样的冷雪天一般人是不会上山的。

一到野外,微微的山风扑面而来,有如千万根细针刺面。山间小路仅有一米宽,两边是盆景般的茶园,间杂着一些马尾松,雪花斑斑驳驳地铺在岩石上,整个山坡看起来像北方的棉花田。金色阳光,映射在群山上。对面的双乳峰熠熠生辉,昂然挺立,只在顶上披着一块白雪,令人浮想联翩。她们走了20里山路后,太阳升上了半空。所有的寒意眨眼间散尽,迷雾从山间消失了。九曲溪像一条弯弯的碧玉长带,牵系着两岸的九九八十一峰,每一座都是赤红的铮铮岩骨,深绿的密密植被,洁白的片片雪花。越到远处高处,雪花就堆积越厚。而眼前的一片纯白色中,居然开出了一枝绚丽的黄色茶花,使人闻到了一丝隐隐的冷茶香。

大红袍产于"美景甲东南"的武夷山,是乌龙茶中的奇葩,它具有绿茶的清香、红茶的甘醇、乌龙茶的绵厚,是茶中圣品。大红袍的品质在武夷岩茶中最优秀,被人们称为"国宝茶王"。早在唐代,武夷山已有制茶的记载。到了宋代,"龙团凤饼"被奉为珍稀的贡品。元代御茶园专门采茶上贡。明清时期乌龙茶诞生,大红袍以其绝佳的品质名扬天下。武夷山碧水丹山,群峰连绵,造就了大红袍不凡的出身。暖风的时候,山野渐渐喧腾起来,铁青的连绵山岭,用隔三差五的细雨洗净积尘,然后把新绿来装扮。人间胜境,岩韵悠长,大红袍的生命力和灵性是吸纳天地之精气的结果。名山出名茶,名茶耀名山。武夷山自古就有"岩岩有茶,非岩不茶"之称。武夷岩茶大红袍"岩骨花香"的独特品质独特韵味就是在这沟壑纵横、云雾环绕、山泉鸣涧、沃土滋润的意境中演绎而成的,那至纯至清的山水意境正是大红袍与生俱来的生命基因。

谈起吴裕泰公司的武夷岩茶,人们自然会想到武夷山的奇山秀水,无论是清澈如镜的九曲溪畔,还是巍然挺拔的奇峰怪岩上,随处可见一蓬蓬生机勃勃的矮小灌木,深绿的小叶片,青灰的如铁枝干,构成碧水丹山一道独特风景,这就是闻名天下的武夷岩茶树丛。武夷岩茶所能代表的茶叶意象太丰富了,没有哪一种茶能像它一样,冲泡出几千年历史,享受到幻术般的芬芳与风雅,又慢慢地从中感悟到许多。它传承着武夷岩茶的魂魄,阐释乌龙茶的文化内涵,在人们赞叹声中,引来无数的崇拜者。上世纪70年代,尼克松总统访华,周恩来总理就赠送了大约200克大红袍给尼克松,区区200克茶叶,几个随行一分就完了。当时尼克松责怪周总理小气,周总理说"半壁江山"都给了您,不少了。原来这200克礼品茶是从位于武夷山九龙窠上的那几棵母树大红袍上采制的,母树茶的产量一年不过斤把左右。后来武夷山市种植的其他大红袍茶树都是由这几棵母树进行无性繁殖,包括扦插,嫁接等手段得来的。

"臻山川精英秀气所钟,品具岩骨花香之胜。"这就是驰名中外的武夷岩茶大红袍。在元代皇家御茶园的鼎盛时期,谱写了中国茶业辉煌的一页,在民间传奇的演绎中,是唯一一个披上皇家御赐的衣袍。吴裕泰的武夷岩茶还是好茶、名茶的代名词,它又是最亲民的。在茶叶界很多人都说它具有"乞丐的外表,皇帝的肉身,小孩的心肠",形状像一条小麻花,在杯中只要一遇到水,武夷岩茶就演绎出生命的绝美,释放生命的原生态。香生馥郁,具幽兰之胜,锐者浓烈,幽者清远。只有你慢慢接近,才能有深深地感受。一片片绿叶的舞蹈,在水中幻化着茶山的宁静和淡泊,幻化着人们生命的沉重和轻盈,它的岩骨花香就能营造出一方山水,让品饮者跟着一缕茶香在茶山大自然中恣意徜徉。

茶是上天赋予我们人类最珍贵的礼物,是世间无与伦比的香根妙草。茶行天下,武夷岩茶,一根茶索便是一条小龙的形状,经过冲泡之后茶叶就会舒展开来,绿叶镶红边,茗香绵延数千年。孙丹威说,初识武夷岩茶时很难激起美感,没有人赞扬岩茶外形,没有什么人能直观地讲清喝岩茶的独特美感,就连武夷山人也自嘲其貌不扬"粗枝大叶"。然而,在历史的长河里,武夷岩茶以自己卓越的品质,遗留给了人们非常丰富的历史文化。浅浅一杯茶,冲泡出大世界,武夷岩茶性格有如武夷山水一样,峰峦岩壑,秀拔奇伟,清溪九曲,变化万千。武夷岩茶,君饮岩茶,杯盏间如见山水,岩茶不是轻薄之辈,厚重如山,饮茶的感觉一波三折,有如"曲曲山回转,峰峰水抱流"。最绝还是岩茶之香,似乎能吸纳自然界特有茶山的香气,然后又逐一释放出来。

好茶选自好原料。吴裕泰公司的武夷岩茶精选自合作伙伴武夷星茶业有限公司的九龙山茶园、九龙窠茶园以及天游景区茶园等武夷山核心景区内的精华茶叶。位于武夷山脉北段的东南麓,受地质构造的影响,武夷山地质为典型的丹霞地貌,红色岩石堆积而成的山脉形状多变,曲折的溪水沿着山谷流淌,山不高却异常雄伟秀丽,水不深却清丽旖旎,一条绵长幽静的九曲溪缠绕于丹崖群峰之间,两岸是崎岖的三十六峰,千姿百态,昂首矗立于奇山秀水之中。在我国同类的丹霞地貌中,武夷山最为秀丽,山与水相依相拥,山依水而立,水绕山而行,有"碧水丹山"的美誉。

武夷山丰富的自然生态资源、优美的自然风光与灿烂的人文历史结合在一起,成为我国南方最著名的自然风景区。景区内山势陡峭,群峰林立,海拔在400米左右,保护区属于典型的亚热带温润季风气候,常年雨量充沛,空气湿润,年平均气温在18摄氏度左右。保护区内已知植物有3700多种,在地球同纬度中,是最完整、最典型,同时也是面积最大的中亚热带原生性森林生态系统。这里更是动物的天堂,茶叶的王国。

茶树的生长全靠根部吸收土壤泥层间的营养成分,茶树根具有强烈的向地性,武夷岩茶树有多高根就有多深,生长在岩石之上的武夷岩茶把根扎入岩土之中,吸收着岩层间的营养物质,形成了独一无二的岩韵。茶树生长在山石之间,经过风化的石头上面只有薄薄的一层土壤,树根就往山石里面走,网状的根须吸纳着岩石里的矿物质和微量元素。泉水流经茶树根部,给它们补充所需的营养。周围的高山挡住了寒风烈日,雾气遮蔽形成漫反射光,使茶树合成更多的氨基酸和芳香物质。四周悬崖上落下的枯叶,在茶树的周围腐化成有机物,使茶树形成自然的有机栽培。

大红袍在制作方法上,它吸收了红茶、绿茶这两大类别茶的工艺优点,所以它的品质特征就保存这两种茶的长处。而大红袍则是武夷岩茶中最有名的茶树品种,利用采自这个品种茶树上鲜叶制成的武夷岩茶就称之为大红袍。尽管如此,大红袍的数量毕竟相对稀少,其价格也相对较高。吴裕泰公司不愿以别的外形类似的茶充当大红袍,所以他们把目光投向了包括大红袍在内范围更广的武夷岩茶。一片片茶叶从茶树上被采摘,到经由萎凋、做青、炒青等制造环节,直到变成绿叶红镶边,能够饮用的武夷岩茶,其生命活力都没有消失,都存储于那一片片的茶叶中,只是表现的方法发生了变化。

武夷岩茶的传统制作工艺一共有十道工序:采摘、萎凋、做青、双炒双揉、初焙、扬簸晾索、拣剔、复焙、团包、补火。除前期的做青外,决定茶叶品质的还在于火工。大红袍的制作技艺在乌龙茶中是最精细的,做青是决定茶叶形成绿叶红镶边的外形美和岩骨裹花香的内在品质的关键所在。在双炒双揉阶段,炒制的火候全凭师傅的经验来掌握,多一分少一分都会影响到武夷岩茶的品质。在炒制的同时,还要揉捻使茶叶定型,使周围的叶子将中间部分包裹起来,以在烘焙过程中保存中间部分的花香。炒好的茶接下来要进行烘焙,这是形成武夷岩茶独特品质的重要步骤,其目的是除去茶叶水分,增加香味,紧实外形。"茶为君,火为臣",没有火的锤炼,武夷岩茶的品质就不够纯粹。

武夷岩茶的炭火烘焙,考验的是人对茶性的了解和把控。吴裕泰技术人员说,这种工艺从明末清初发端,到今天已经有300多年历史,在这一过程中,烘焙的时间、温度、翻动次数等,要根据原料的品性以及希望达到的目的而定,也就是所谓的"看茶焙茶",灵活性非常强,稍有不慎,就错过了茶叶品质达到最佳的时机。加工武夷岩茶一般在60—90摄氏度适合烘焙清香型口味的岩茶,其特点是叶底保留了一定的鲜活度,三红七青,颜色好看,赏心悦目,有清雅的花果香,滋味干爽,略微带一点涩味,汤色呈橘黄色。清香型的岩茶韵味相对较弱,也较难保存。掌握适合烘焙烤香型岩茶,也就是传统型岩茶,温度高,火劲足,成茶香气浓郁绵长,杯底留香,汤色为蜜色,品质上乘的岩茶还有花果蜜糖香,滋味醇厚爽滑,岩韵明显,经久耐泡。高温烘烤让大多数茶叶起了"蛤蟆皮",叶底比较粗糙,但又因为火工到位,烤香型岩茶是暖性的,对肠胃刺激小,茶性平和。

武夷岩茶的烘焙中,做到最极致的是烘焙九次,把炭烧到不起烟,上面覆上炭灰,用这种低温的慢火一点点烘烤。烘焙—退火—烘焙,如此反复九次,这样做出来的茶有一层光泽,从竹笼往下倒,毫不粘连,轻滑如泥鳅,故而得名为"泥鳅火"大红袍。武夷岩茶引得了许多的文人墨客的竞相称赞,范仲淹的"溪边奇茗冠天下,武夷仙人自古栽",苏东坡的"武夷溪边粟粒芽,……今年斗品充官茶"等等。

一茶在手,百事无求,讲述的是岩茶寓意着人生幸福。吴裕泰公司东方之冠大红袍、金骏眉红茶、正山小种等,品出色,品出香,红茶之醇厚的优点,不燥火、不苦涩,多种微量元素对人调节身体功能最有益处。茶虽为草木,却很有灵性。那一小撮不起眼的茶叶,一经沸水冲泡,就像花朵一样缓缓绽放,散发出幽幽的香气。滋润着所有热爱生命,珍惜健康的人与茶相伴,它不说一句话,却能默默地传达许多信息,带给我们心灵的启迪是多层次的:山野的清新,历史的悠远,滋味的醇厚,喉韵的清冽,令你清醒,令人们脱俗……善待它,它便给你以温馨与甘醇;亏待它,它便报之于冷漠与苦涩。你能说武夷岩茶没有灵性吗?喝茶的人从来不会去辨别每一片茶叶,因此常常忘怀一壶茶是由一片一片的茶叶组成的。在一壶茶里,每一片茶叶都非常重要,因为每一滴水的芳香,都有一片茶叶的性命。吴裕泰的制茶人不会忘记茶叶是有生命的,只有将每一片茶叶都看成是一个生命的载体,才能制出好茶。

武夷岩茶味甘泽而气馥郁,去绿茶之苦,无红茶之涩,香久益清,味久益醇,武夷岩茶属于半发酵茶,以功夫茶方法冲泡,才能淋漓尽致地展现其独特的"岩韵"。但也不尽如此,也可用比较简单的方法冲泡,只要了解岩茶的基本特性,一样也能欣赏到其色香味。品饮时首先要观察干茶的外形。岩茶是条索状散茶。一般来说比绿茶的条索要粗壮,有明显的绞结纹,呈弓扭耳勺状。做工好的岩茶,条索紧结,大小均匀、完整,几乎看不到碎末。颜色呈蛙皮紫或黑褐色,有光泽感,有的好像蒙着一层轻薄的白霜。其次,看茶汤。冲泡好的岩茶茶汤,一般来说是金黄或橙红,清澈透亮,汤底有极细微的黑色沉淀物。

武夷岩茶最佳的茶汤,有一种油脂感。最后,观察叶底。传统的岩茶是"三红七绿",清香型岩茶没有那么多红,但也有明显的绿叶红镶边现象。好的叶底,叶片肥嫩,表面有丝绸光泽。好岩茶的杯底香特别悠长。闻香时,要慢慢地用鼻腔吸气,一口吸到底而中途不能呼气,以防口味污染盖子。岩茶的香味是糅合着幽幽花草气息的茶香。不同的品种具有不同的香味。如肉桂的香,就类似桂皮或菖蒲的辛香;而水仙的香则类若兰花或水仙花的甜香。这里必须注意的是,岩茶的香一般来说不如铁观音扑鼻,也不如绿茶芬芳,相对来说比较细锐,因此,也就显得更为悠长。

茶叶沉沉浮浮,我们何尝不是一杯生命的清茶?命运又何尝不是一壶温水或炽热的沸水呢?茶叶因为沉浮才释放了本身深蕴的清香,而吴裕泰的找茶人,也只有遭遇一次生命的挫折和坎坷才会激发出人生的脉脉幽香。孙丹威说:"我们吴裕泰年轻人钟爱武夷岩茶,让袅袅的茶香升腾起氲氲着,那种怡然的香气把人生环绕着,只有静下心来,从俗世的浮躁中暂时脱身,才能在武夷岩茶中品出天地间至清、至真、至美的韵味来,才能够闻到做人的艰辛,难以言传的生命之香。"

"不下班的茶人"孙丹威笑笑:"这行儿做久了,人就钻进去了,整个中国有那么广袤的土地,该有多少好茶等待被发现和了解,真的是难以估量,我希望尽我所能,让更多不为人知的好茶出现在吴裕泰的店内。"孙丹威和她的专业团队面临的是全国市场的挑战和全国消费者的检验,在巨大的市场销售压力面前,孙丹威报以淡淡一笑:"我相信无论何时何地,货真价实的产品和诚实的服务都是成功的根本,这两者才是零售行业要走的成功之路。吴裕泰公司会一如既往地以消费者为尊,质量为先,踏踏实实做好茶。其实经营企业就像行路,一步一步踏实地积累才能走出万里征程。"

武夷岩茶一片绿,采茶农民如蜜蜂。岂惜辛勤慰远人,夏日解渴冬增温。武夷真是神仙境,已产灵芝又产茶。

著名茶山画家赵乃璐/创作

126

十九、奥运圣火 传递茶情

2008年8月6日,祥云火炬经过四个多月的"和谐之旅"传递终于回到了北京。北京吴裕泰茶业股份有限公司总经理孙丹威作为第172棒火炬手参与了奥运火炬在北京市东城区的传递。上午十时,钟楼北桥,孙丹威通过火炬接力点燃了自己手中的火炬,并激动地向道路两旁的观众展示。她身着靓丽、鲜艳的运动服,高举祥云火炬,满面笑容。"奥运加油、中国加油",路边吴裕泰员工与成千上万群众的助威呐喊声此起彼伏,表达着激动的心情。

对于获得北京市人大代表、奥运火炬手、全国商业服务业巾帼建功标兵、首都女职工创新之星等荣誉称号的孙丹威而言,奥

孙丹威担任奥运会第172棒火炬手

运圣火的成功传递不仅仅是一项众人瞩目的奥运盛事,更是作为一名茶人把中华民族茶文化和吴裕泰"立足中华文化,锻造全球化的茶业金字招牌"的企业精神融为一

体向社会展示的一个舞台和窗口。

2008年北京奥运会圆满成功的背后,有一支默默奉献的庞大的服务队伍,奥运会媒体村中国茶艺室35位姑娘优雅的举止、热情周到的服务受到中外嘉宾的盛赞。在奥运会顺利落下帷幕后,这些姑娘们已悄悄回到自己的工作单位——北京吴裕泰茶业股份有限公司,喜悦永远留在了心里,她们向企业、向祖国交出了一份完满的答卷。

中国茶艺室位于与鸟巢一街之隔的汇园公寓媒体村。这次奥运会从世界各国一共来了两万多名注册记者,分别住进了不同的媒体村。汇园公寓媒体村入住了29国1000多名记者,其中有新华社的200多名记者,还有美国NBC、英国BBC、日本朝日新闻等媒体的记者。这里是唯一提供热餐热饮的地方,记者、运动员大多愿意出入于此,所以,吴裕泰中国茶艺室服务的对象逾万人,除此之外这里还接受了一些官方接待任务。

为了保障奥运新闻采访,提供优质的服务和舒适的环境,展示中国茶文化的魅力,孙丹威带领35位姑娘7月24日就提前进入了媒体村中国茶艺室,做好最后的迎战准备。中国茶艺室的姑娘们,集体站在媒体村特大投影屏幕前,与鸟巢国家体育馆内的八万多名观众和运动员共同体验了开幕式激动人心的时刻。当五星红旗冉冉升起时,她们情不自禁地唱起了国歌,庄严和幸福绽放在脸上。她们身着的紫红色中式缎子上衣和黑色长裙,像中国传统文化的符号一般,吸引来身边各国记者们赞许的目光。

在奥运会比赛还没开始时,不少记者也提前住进了媒体村。在媒体村里,吴裕泰中国茶艺室要算表现中国传统文化的唯一场所了,古香古色的室内装饰和幽雅的环境令先入住的外国记者驻足,不时地走进茶艺室参观,或者坐下来喝杯茶。

除了饮茶、品茶,在茶艺室里,来自国内外的记者们还可以跟着服务员学习怎样沏茶、泡茶,怎样透过清香的茶水,品出其中独特的味道。尽管西方人很难在短时间里完全掌握博大精深的中国茶文化，但他们还是很有兴趣三五成群地坐在茶馆的黄梨木座椅上，一边饮茶，一边欣赏茶艺、茶舞表演。紫砂壶、闻香杯、品茗杯、茶船……对吴裕泰公司的每一件器物他们都是如此好奇。一次一位记者看到大厅摆放着一只乌篷船，觉得很新鲜，提出要坐在船里喝茶。

茶艺室内有一个大厅，有许多卡座和包间。也许是工作性质决定，也许是文化差异使然，外宾到此不像中国人那样在包间里长时间地一杯一杯地品茶，大多在茶艺室大厅或卡座里也就坐上一小时左右，三两人一起来的多是讨论当天的工作，一人来的，往往带着电脑，虽然媒体村本身有记者工作室，由于喜欢这里的环境，有的记者来吴裕泰喝茶，茶艺室成了他们的第二工作室。爱玛客公司服务奥运已经14年了，一直承担奥运餐饮服务，在这方面很有经验，本届奥运会该公司与首旅集团共同承担奥运餐饮任务，中国茶艺室划在餐饮范围内。同在一个媒体村的爱玛客的一位美国厨师来到吴裕泰中国茶艺室喝茶时，觉得这里很有意思，说他们对中国茶很感兴趣，虽然做了多年的餐饮但茶方面的知识很少，很多茶都分不清楚。有一位"老外"，在茶艺室还没正式营业时就捷足先至，并且自己动手泡茶，不等茶艺员解释，端起公道杯中的茶就直接喝了。后来他觉得很怪，问："你为什么给我两只杯子呢？"当服务员告诉他公道杯是分茶用的后，他才恍然大悟。

茶艺表演，也是外国记者的看点。一天晚上茶艺员正在做免费茶艺表演，一个法国记者背了个包进来，茶艺员送上一杯茶请他喝，他非常高兴。茶艺员原以为他是路过的，请他品尝品尝，他却用英文说，其实我就住在这里的楼上，我从窗口看到你们在做表演，于是就下来了，是特意来喝杯茶的。他的话引起在场者会心的欢笑。

外国电视台记者无疑是来报道奥运会情况的，但意想不到的是，美国NBC电视台在奥运期间向他们的观众介绍中国文化，拍摄了一个介绍中国茶的节目。一天，NBC的记者与茶艺室联系，说他们想拍摄一个主题是展示中国茶文化的节目，为此,他们希望向中国茶艺室借一套具有中国特色的茶具,拿到演播室去制作节目。来到茶艺室,看到茶艺室的环境,他们非常感兴趣,但遗憾的是不能把设备和全套人马搬来摄制节目。茶艺室认真地为其提供了一套泡花茶的青花瓷茶具和一套泡乌龙茶的紫砂茶具,并用茶盒装好了包括龙井茶在内的六大茶类每类茶的一种干茶,一一介绍茶的特点,告诉他们泡茶的方法,而后,他们高兴地带回这套茶具和茶叶,在自己的演播室里进行了节目制作。

一些外国记者对中国茶文化的兴趣在研究中国茶、茶具和泡茶上。到了吴裕泰茶艺室,他们不点喝习惯了的红茶,专门点其他种类的茶,像龙井茶、白茶、普洱茶。知道花茶是老北京的最爱,他们一定要喝一杯。

很多外国记者觉得盖碗很漂亮也很新奇,询问如何使用。茶艺员冲泡乌龙茶,翻转扣紧在闻香杯上的品茗杯,然后用闻香杯闻香的茶艺表演,他们更感妙趣横生。一些人对茶叶好奇,看了干茶外观还要闻一闻。也有人对茶名感兴趣,有人问普洱茶的英文名字是什么。他们从每个细节上发现中国茶文化的亮点,体会中国茶文化的魅力。借此机会,吴裕泰茶艺室的姑娘们一一仔细解答,认真演示,做好每一个流程,通过点点滴滴努力传播中国茶文化。

吴裕泰公司专门组织了一个策划班子,茶艺服务人员精挑细选,"高级茶艺师、会说英文、拥有较高的专业与政治素质"是进入媒体村中国茶艺室的必备条件。进村前这些茶艺员还经受了特殊培训,培训内容包括接待客人时的礼仪、站姿、坐姿、手势等。每一项都有严格要求,如站得要直,两手交叉,右手压左手的第二关节;坐得要正,翘"二郎腿"时腿要绷直;迎宾和为客人服务时,要面带微笑……培训老师不仅懂得国际礼仪,而且是一位茶艺师,曾亲手为国际奥组委主席罗格先生泡过茶。培训后,她对每个人的每个动作都逐一进行考核直至通过。与此同时,吴裕泰公司在设计茶单和上茶上做了精心的准备。考虑到文化上的差异,茶单上的图片设计有干茶图片和冲泡好茶的对比图片,茶名中英文对照,在奥运村许可用茶中精选了外形有区别的六大茶类18个茶种。泡茶前，茶艺员给宾客看干茶，然后给他们冲泡。要是客人点花茶时，茶艺师会拿出两套盖碗，一套泡茶用，另一套是空的，用来教宾客如何饮茶。完备而顺畅的流程设计，备战的基本功，在外国朋友来到茶艺馆时，已变成茶艺员自然的举止和专业周到的服务。在友好的气氛下，茶艺员训练时要求保持的微笑因兴奋和激动变成发自内心的喜悦。当每个茶艺员自己顺利地做完一个接待流程时，看到客人赞许的目光，听到他们说一声这茶挺好喝，都特别高兴，更增添了自信。最能说明问题的是，在最终服务检核中，吴裕泰团队取得了奥运媒体村服务检核第一名的好成绩。

以"承继百年基业，光大民族品牌，做茶业专家，推动中国茶和茶文化走向世界"为使命，吴裕泰掌门人孙丹威圆中国梦，带领她的团队，使吴裕泰从不为人知到家喻户晓，在北京奥运会上向北京奥组委和奥运村独家供应了150万袋花茶、绿茶、红茶三种袋泡茶，让茶叶的品质得到了世界的认可，圆了一个在最宽广的舞台上向世界展示中国茶叶魅力的梦想。

追忆到2003年10月2日，受中华人民共和国文化部的委托，作为中国人衣食住行中"食"的代表，吴裕泰首次来到浪漫之都——法国巴黎，参加了"中法文化年"50天的交流活动，向法国人民传播中国古老的茶文化。吴裕泰展厅中央依次摆放着十六套中国传统木制家具，百宝格上摆满了各式各样的中国茶具，身着高贵典雅唐装的吴裕泰茶艺小姐为前来参观的来宾进行了精彩的茶艺表演，并为到场的千余名来宾奉上了中国传统的茉莉花茶。时任法国外长德维尔潘和中国国务委员陈至立还饶有兴致地来到吴裕泰特制的展台前一同品饮。德维尔潘外长连连称赞，这是他喝过的最美味的茶。展台前聚集了几圈人，古朴大方、精巧玲珑的紫砂壶和瓷茶具清新雅致悦目自然，令人啧啧称奇。品上一口来自中国的茶，齿颊留香，沁人心脾，几位年轻的法国姑娘久久不愿离开。如果她们从此爱上中国，其媒人就该是这馨香的茶叶。前来参观的游客络绎不绝，既有年逾古稀的老人，也有牙牙学语的孩子,还有中学老师带着他们的学生,每个人无不为中国神秘而古老的文化所折服。更令人称奇的是,后来一个法国人拿着吴裕泰在法国展览时所散发的宣传册,按图索骥,千里迢迢来到中国,找到吴裕泰的北新桥总店,非要亲眼看看这家给他留下难忘印象的中国茶庄,亲身体验一下中华茶文化的博大精深。花香蝶自来,茶好友人至,那遍地开花,茶香氤氲的世界,当为期不远了吧!

吴裕泰中国茶艺室团队

二十、少儿茶艺 企业奉献

一杯茶，静静地停在那里，幽幽地散发着属于它的芳香。可能你从它身边走过，似乎世界上就没有它的存在，也因此，在你的生命中，它就真的没有存在。也可能，缘分让你走近它，你就能看到或浓或淡的色泽，闻到或浓或淡的香气。接着，你可能尝试着品一口，这茶的滋味就会顺着你的

东城区东直门小学少儿茶艺表演

舌尖滑入你的心底，让你感受它带给你的温暖。这感受或者又促使着你打开泡出这样茶汤的壶，你就会发现壶中或许正停留着你所知道或不知道的茶叶。于是，这杯茶就在你一次又一次的关注中，走进了你的生活，走进了你的心。这其实就是我们和茶的关系，漠视它，你可能就从它的身边擦肩而过。而关注它，就会慢慢了解，慢慢走进它的世界。对它了解得多了，那么它就会带着你神游你的内心世界。

一杯茶，孩子端起来很容易，但是，这一端的背后却能影响他的一生。因为茶以清灵孕育儿童的人文素养，以雅韵陶冶他们的艺术情操。吴裕泰公司作为孩子学茶的启蒙老师，很自然地将茶带给了孩子们，引导孩子得到茶的恩惠。

早在1998年，吴裕泰率先在北京东直门小学成立了北京乃至华北地区的第一支少儿茶艺表演队。总经理孙丹威说，他们在组织学生参加社会实践中了解到，

95%以上的学生不知道有花茶和绿茶之分，而一提起洋饮料，却七嘴八舌如数家珍。中国是茶的故乡，茶是中国人日常生活中不可或缺的必需品之一，而茶文化也是中国传统文化的瑰宝之一，作为一向胸怀普及茶知识、弘扬茶文化之志的茶人，吴裕泰公司面对祖国的下一代对茶如此的疏离和淡漠，使命感和责任感让他们迅速行动起来。而此时，北京东城区东直门小学校长李宗全正在为学校开展素质教育绞尽脑汁。素质教育就是要打破长期以来教育的封闭性和单一性，帮助学生扩展视野，丰富知识和技能，培养学生的自我意识和动手、动脑的创造性，让学生们在快乐中健康成长。茶艺，无疑可以让孩子们既了解、学习博大精深的茶知识、茶文化，又能通过他们动手实践，学会泡茶、品茶，进而爱茶，与茶结缘，对他们未来的一生或许都大有裨益。就这样，孙丹威与东直门小学校长李宗全一拍即合！而吴裕泰公司也从此开始了无偿进行或者赞助各类与茶相关的公益活动的光荣历程。

在学校常规的课堂教学结束后，孙丹威和吴裕泰的茶叶专业人员带着茶叶、茶具等物料登上讲台，先从浅显的茶知识讲起，然后拿出各种干茶让学生们观、嗅，教学生认识相应的各种茶具，之后冲泡、品尝，并引导学生总结各种茶的饮后感受，使学生们感性地体验各种茶的特性，正所谓纸上得来终觉浅，绝知此事要躬行。三个月后，东直门小学在全区素质教育成果展示中的一场表演引起了巨大轰动。"白鹤沐浴，观音入宫，悬壶高冲，春风拂面……"一群孩子在悠扬的古筝声中，有模有样地进行着茶艺表演：展示茶具、精选佳茗、冲泡茶叶、鉴赏茶汤、共品香茗，个个精雕细琢。当一群体态优雅的小茶人呈上缤纷馥郁的实验成果时，课堂散发出了智慧的光芒，孩子们犹如科班艺人一般。

学习茶艺不仅丰富了学生们的课外生活，也加深了孩子们对中国茶文化的了解和热爱。这种茶艺学习活动很快得到学生们的喜爱和家长们的大力支持，东直门小学的茶艺星星之火，迅速燃至东城区多所小学和东城区少年宫等。目前，吴裕泰小茶人俱乐部的中外会员已达到千余人。参与活动的学校由最初的东直门小学、分司厅小学、和平里三小、大甜水井小学四所学校发展到目前全北京市八个区县的62所大、中、小学,并与上海、杭州、广西、贵州等地的小茶人经常举办交流活动。吴裕泰公司的活动对象也由小学生发展到初中生、高中生、大学生,参与活动人数达几万人。

中国茶叶流通协会将"北京市青少年茶文化教育基地"设立在东城区少年宫,东城区教委也将九所学校命名为"东城区青少年茶文化教育基地",吴裕泰公司也成为小茶人文化的实践基地。吴裕泰为进一步巩固和光大青少年的茶艺学习成果,从 2001 年开始举办全国"吴裕泰杯"少儿茶艺大赛,大赛每年举办一届,目前已举办了六届。

小茶人们迅速成为北京青少年中最抢眼的明星,他们的身影伴着茶香和古韵,出现在许多重要场合。他们在吴裕泰茶馆参加了王府井开街活动,当时,为李鹏、李岚清、吴仪等国家领导人表演了中国茶艺,得到了他们的高度赞扬。小茶人的活动照片成为中国申奥宣传册的封面,中国政府在德国开展的"中国文化展示周"活动中还印刷了小茶人的明信片和大幅的宣传画。

面向青少年的茶文化传播和茶艺教学,吴裕泰公司摸索出了一套符合青少年特点的方式方法,活动形式多样多种,比如茶故事大会、茶游戏、茶产地拼图等等,孩子们喜闻乐见,更重要的一点是通过实践将茶的科学知识深深植入孩子们的心田,茶艺教学中,动手是王道。在吴裕泰的茶艺教学过程中,曾有这样一堂生动的实践课:冲泡铁观音。第一组三位同学泡第一道茶,同学们动作、程序非常规范,但奉上来的茶汤颜色浅淡、香气较弱、滋味淡薄。泡茶的同学自己品饮了茶汤后,互相看了看盖碗中的茶叶,分析出原因:水温低、投茶量少;第二组三位同学重新煮了新鲜的水,以保证水的温度,在投茶的时候,其中一位女生特意又多投了一些茶叶。第二道茶泡好了,泡茶人先品鉴,多投茶的女生皱起了眉。吴裕泰的茶艺老师引导大家观察杯中的汤色,两杯是金黄明亮的,一杯已经是黄褐色。通过茶汤的颜色,大家知道了那个特意多投放茶叶的同学的茶汤浓了,懂得了茶量与水之间的分寸把握也是需要认真摸索的真功夫;第三组同学总结了前面的经验教训,烧水、投茶、整理茶具,信心十足,茶汤奉上时色泽不错,但品入口中,其中一杯却急躁得很,另外两杯则柔和润滑。

茶艺老师引导大家回想整个烧水、投茶、冲泡过程,其中有位同学为了保障水温高,在水已经开了以后又持续烧了一会儿,泡茶时水还在沸腾滚动没有安静下来。通过对比,同学们知道了要先静下心来才能泡出好喝的茶。同样的茶、水、器及冲泡程序,但茶汤结果却不同,东城区东直门小学的孩子们,通过在吴裕泰公司亲身实践,同学们体验到了泡茶的核心技艺,明白了茶艺不是艺术形式的泡茶过程,而是茶的科学与艺术的完美结合。

孩子是感性的,因此,茶将情给予了孩子。茶之所以有魅力,就是因为它是我们情感的载体。端起一杯茶,就给了我们一个说话的由头,就给了我们一个表达心意的机会。吴裕泰公司在茶文化教育中,经常组织学生结合节日、深入生活参与茶会,设计、冲泡一杯香茶献给身边的人。这个过程就是孩子情感培养的过程,让他们学会感恩,学会付出,学会分享。曾经为李岚清同志献过茶的小学生说:"我学会泡茶后,每天放学回家后都要为爸爸妈妈泡上一杯,他们可高兴了,经常夸我哪!"

吴裕泰公司用茶文化教育为孩子们打开了一扇通往未来的大门。在茶的世界里,要有科学精神,看茶做茶,看茶泡茶;要有艺术修养,诗词歌赋、书法绘画;要有德行修为,现年105岁的茶人张天福认为茶德:俭清和静。多年茶文化的熏陶浸润孩子们的心田,对美的热爱、对文化艺术的追求伴随他们的整个成长过程。吴裕泰第一批少儿茶艺队培养出来的孩子,如今已经是二十五六岁的青年人,与同龄人相比,他们更追求举止有度,温文有礼,更讲求人文修养。八岁进入第一批茶艺队的毛天宇,当年是个淘气爱动坐不住的小男生,但吴裕泰的茶艺教学深深吸引了小毛,绿茶、红茶、乌龙茶……被开水冲泡后所展现的各种形态、散发的不同香气,紫砂壶、闻香杯、品茗杯……形形色色的器物,还有茶艺老师们优雅的动作和言语,这一切引发了懵懂男孩儿的极大兴趣,从此爱上了深深浅浅的茶色茶香,课余他自觉主动地阅读了很多茶故事和咏茶古诗文,而今的毛天宇已经顺利地完成高等教育成为北京电视台节目主持人,镜头中的毛天宇,举止优雅,言谈从容,各类诗文信口拈来,深受观众喜爱。

孩子是爱美的，茶将美给予了孩子。吴裕泰公司让孩子从发现茶艺之美，到实践、展示茶艺之美，到感悟、创造茶艺之美，让每个孩子本身和他的环境因为茶而变美。孙丹威认为，美的发出，是由内而外，而美的感知是由外而内的。所以，吴裕泰公司的茶文化教育是让孩子形神兼备，从外在的仪容仪表、泡茶的动作表情、语言的亲和力等等到内心中对人的尊重、对茶的尊重、对器皿和水的珍惜。所以，举止文雅，谈吐大方，外塑形象，内养爱心，这是他们对孩子德行的教导。行礼、问好、感谢、微笑，这是他们对孩子行为的指导。茶艺教育让当年的小茶人拥有了更美好的人生。第二批茶艺队的王小莹如今已顺利地进入了空姐队伍，她说，是早年吴裕泰的茶文化教育给她的今天奠定了最好的基础。

为了让中国茶文化更加普及，让越来越多的中国人了解到祖国的传统文化和古老的茶艺术，唤醒人们对弘扬传统茶文化的热情，让茶文化走向世界，吴裕泰公司多次带着中国茶人的骄傲，怀揣着祖国的茶文化，背负着中国茶的世界梦，跨高山、越大洋，走遍法、德、意、澳、日等20多个国家和地区，举办少儿茶艺讲座，搞展览，把华夏传统的茶文化种子播撒到五大洲四大洋，让世界的各个角落都飘逸着吴裕泰茶的芳香，吸引着世界上的茶友人聚集到茶的故里——中国。

吴裕泰少儿茶艺队在表演

廿一、茶墨载道 以文兴茶

茶文化精髓尽在细细品味中。传统茶文化历史悠久，博大精深，茶文化是高雅的文化，是大众的文化，在国际上已经成为了一种民族文化象征性的符号，做茶就是做文化。以茶为题材的作品享誉中外。中国茶与茶文化千年传承，在璀璨耀眼的茶业舞台上，涌现出许多文化茶企和文化茶人。吴裕泰公司的茶生意做得风生水起，将中国茶文化的传承视为己任。吴裕泰公司始终坚持"文以载茶，以文兴茶"的观念，提出了"人品即茶品，好的人与好的茶一样至真至纯"的人文理念，向五湖四海的人们默默地讲述着经商之道。

孙丹威观看田伯平书画展

当今社会，传统文化与现代商业的紧密结合对老字号企业非常重要。而老字号的加速发展，也有利于企业文化和茶文化的拓展。长期以来，吴裕泰公司坚持通过文化活动来推动企业的发展和茶文化的传播。

中国传统文化艺术形式多种多样。茶道与书道是最亲民，最普遍能让老百姓接受的艺术形式。2011年春节前，中国写茶第一人田伯平曾联手吴裕泰公司举办了写茶书法展，"不仅仅是一种机缘，更主要的是由于田伯平和吴裕泰对中国茶文化共同的崇敬而走到了一起。"正如北京书协秘书长田伯平所言，吴裕泰的茶香与众不同，因为吴裕泰的茶香中蕴含着书之香。"茶和书法都是我的爱好。在探索书道的过程中，吴裕泰的茶香一直陪伴着我。茶生在美丽的高山之中，吸着天地之精华，茶叶味苦而性寒，正是这种寒苦艰辛、命运多舛，才令茶的滋味先苦而后甘。田伯平说，茶之苦与书法之苦是一味的，书法之道渐至深处，有如独涉深渊丛林，疑窦层层迷雾重重，让人百思不得其解，没有一个不畏苦寒坚守寂寞的精神，很难突破自我更进一层。通过这次吴裕泰写茶书法展，希望能够感染更多喜欢书法和茶的人，励志、去躁、掘进。"

茶味香，字形美，品茶赏字相得益彰。中国茶文化精髓尽在细细品味中。传统茶文化艺术历史悠久、博大精深，是中华民族几千年文明的结晶，以茶为题材的作品享誉中外。如今，科学技术的发达让传承几千年的文化艺术渐渐蒙尘。小到提笔忘字，大到缺乏创新，无一不是文化艺术缺失的危险信号。如何引导学生们进行健康、品位高雅的文化艺术活动，这是摆在人们面前的一道难题。当走进王府井大街186号"吴裕泰茶庄"，见证了一场茶与墨合奏的交响曲，一场茶与墨俱飘香的文化盛宴。在这里，田伯平墨笔写茶，茶沁墨香，将自古以来人们对书道与茶道的追求提升到茶墨载道、探寻真一的境界。田伯平有着"嗜墨才子"和"中国写茶第一人"的美誉，是一位多才多艺的艺术家。他不但"嗜翰墨、通六艺"，而且为人温润如玉、淡泊似茶。田伯平的书法书势端庄，运笔流畅，沉静秀雅，姿态多变。尤其是行书以中锋为主，充溢着苏东坡、唐寅的天真飘逸，显得跌宕有致，妩媚潇洒，给人一种强烈的视觉之美。这次写茶书法展中洋洋洒洒上万字的书法作品全是和茶有关的。

中国书法，讲究在简单线条中求得丰富的思想内涵，就像茶与水那样。古代书法家爱茶、懂茶的事迹至今仍旧流传深远。唐代怀素和尚好饮茶，可以饮茶而醉，乘兴挥毫写下《苦笋帖》，不仅让人惊叹大师那遒劲有力的笔画和磅礴非凡的气势，还感同身受地译读到大师那么爱茶、懂茶，对好茶充满渴望。不论是田伯平还是怀素和尚，在他们眼中，茶道和书道都有一种相同的哲理和内涵，最终都是对人的道德品行的修炼，因此，无论奇茶还是妙墨，都散发着馨香的文化气息。

看蜷曲的茶粒在热水中慢慢舒展，浅草的绿如玉片晶莹剔透，悠悠茶香漫延开来，沁人心脾……茶自古是文人雅士的厚爱，那又会给艺术家带来什么呢？

唐代是书法艺术盛行时期，也是茶叶生产的发展时期。书法中有关茶的记载也逐渐增多，其中比较有代表性的是唐代著名的狂草书法家怀素和尚的《苦笋帖》。宋代，在中国茶业和书法史上，都是一个极为重要的时代，可谓茶人迭出，书家群起，比较有代表性的是"宋四家"。唐宋以后，茶与书法的关系更为密切，有茶叶内容的作品也日益增多。流传至今的佳品有苏东坡的《一夜帖》、米芾的《苕溪诗》、郑燮的《竹枝词》、汪巢林的《幼孚斋中试泾县茶》等等。

北京书协秘书长、中国写茶第一人田伯平在王府井吴裕泰茶庄将茶香与书香，将自古以来人们对书道与茶道的追求提升到茶墨载道、探寻真一的境界。田伯平认为，泡茶的过程就是心境调节、情绪稳定的过程，就像磨墨的过程。喝茶需要一颗平静的心，艺术也是如此。

田伯平从六岁开始跟随外祖父学习书法。其外祖父田普亭先生在教授田伯平书法时常常念叨一句话："好好学啊，我们老了，将来要靠你们呀。"这句话太平常太普通了，一点闪光的意思都没有，田伯平也从来没当回事。可有一天，田伯平似乎突然开窍了，这分明是一个托付，感悟到了这平常话语里蕴藏的深意，也深深懂得这是老一辈书法家对书法文化延续的重视，对书法艺术发展的期许。也就是从那天以后，田伯平以一个书法人的状态进入了角色，担当起了传承与弘扬书法文化的历史责任。他做的第一件事，就是传递自身的正能量，引领社会书风。他从一点一滴做起，坚持用自己的言行引领书风正气，做到了把每一次展览、每一次讲座、每一次笔会、每一次发言都看成是弘扬正气的平台，传递正能量，以此影响社会。田伯平说："靠我个人的力量去改变社会是办不到的，但我的所作所为可以影响社会，为改善社会环境尽自己一份责任。"他曾行程几十万公里，亲临全国50多个地区，上高原，下哨所,去山区,走边疆,坚持几十年如一日,足迹踏遍全国各地,触角深入各个领域,不辞辛劳地把正统的、规矩的、先进的书法文化播撒到人民大众心中。他做的第二件事是受邀各大中小学教授书法课程,担负起书法教育及普及的责任。他曾受清华大学、中国人民大学等二十多所大学的邀请成为客座教授,被北京徐悲鸿中学、北京礼士路小学等几所中小学聘为校外辅导员,为大中小学的学生们讲授书法知识,传播书法文化。多少年来,数不清他跑了多少里路,数不清他讲了多少堂课,数不清他去过多少机关厂矿,更无法统计有多少人聆听过他充满激情的宣讲。但历史已牢牢的铭记他为书法教育的付出与执着,他自己也为常年坚守这块书法教育阵地而感到骄傲和自豪。他做的第三件事是关爱社会、回报社会,尽到一个书法家的社会责任。田伯平不仅是一个有为的书法家,更是一个有社会担当的书法家。南方洪水,泥泞中有他赈灾的足迹;东北火灾,森林里留下他呐喊助威的声音;汶川地震,废墟上闪烁着他人性的光辉;弱势群体,传唱着他慷慨解囊的事迹。一次次的捐赠,一次次的解囊,昭示了一个书法家强烈的社会责任。

四川有一位高位截瘫的残疾青年,看到《人民日报》以"中华儿女多奇志"为题刊登了田先生的一篇专访和一幅书法作品"泰祺云集"后,写信向他索要"泰祺云集"作品,并提出要一本欧阳询的字帖。当田伯平先生从信中得知这位残疾青年酷爱书法,就毫不犹豫地满足了这位素未谋面青年的要求,亲自跑了三家书店购得一本欧阳询的《皇甫君碑》,把自己的作品和字帖以最快的速度寄给了这位青年。至今,他们还有书信来往。

田伯平想写好的第一个字就是茶字,他写茶是有来历的。从十几岁他就学着喝茶,而几十年后,才觉得茶味浓的不是一点,是几乎永远喝不尽的滋味——这才是老子所谓味无味,为无为的状态。当你喝茶觉得香的时候,不够深入,当你喝茶觉得苦的时候,不够深入,当你喝到醇、柔、厚、远的时候,这才刚入味,远没到头,喝到尽头处是只知在喝茶,哪里有什么香苦醇柔?已是无茶无我,物我两忘之处。茶和书法,其实都是一样的,在各自的状态上,千锤百炼,百炼成钢,百炼出神采。孙丹威把茶叶经销搞得有声有色,在她那里,茶就是千军万马,通过茶演出了一场生龙活虎的大戏,这戏唱遍中国,唱向世界,谁人不知吴裕泰,莫愁今年无新茶。田伯平把茶字写出了茶的神韵,写出了孙丹威的精神,写出了吴裕泰茶的品格,把一个茶字写进了整个世界。

也许是命运的安排,至今已近半个世纪了。书法成为了田伯平人生的支撑,书法是他生活的全部,书法已融入他的生命。对书法文化的传承与发展似乎有着与生俱来的责任和使命。他常说:"我们这一代书法家,责任太大了。当今所处的是社会大变革,时代大发展,科技大繁荣,知识大爆炸的新的历史时期,传统的书法文化将如何把握,怎样才能使这门古老的艺术与时俱进永放光辉,这是时代给予我们的历史命题,不得不思考,不得不作为,是我们义不容辞的责任和使命。"他是这样说的,更是这样做的。往往忙到很晚才能回到家中,根本顾不上与家人寒暄,便会一头扎进书房,赶紧书写作品,"偿还"永远还不清的"书法账"。为了明天的工作,他不得不在子时收笔。日复一日,年复一年,日日年年都是如此,说起来倒也简单纯粹,所有的付出都只为"书法"二字。如果借用宋丹丹小品的一个句式:"我就是为书法而生的,欧耶!"倒是比较贴切。关心他的人几乎都在重复着同样一句话:别太累了,要注意身体啊。田伯平说:"我曾看到过书法前辈为书法事业而呕心沥血,就是到了耄耋之年还在为书法艺术发光发热,是他们在激励着我前行,他们是我的楷模。我这点付出又算得了什么呢? 如果不努力,不作为,不进取,恐怕才会有负于前辈期望。我觉得我们这一代书家,要勇于做书法的传人,要敢于成为书法的脊梁,要为书法事业多担当、多奉献,为后来人竖起标杆、做出榜样,共同托起书法明天的希望。"

田伯平先生现为中国书法家协会理事,教育委员会委员,中国诗词学会会员,其书法行、草、楷、隶、篆样样拿得起,诗、词、典故,张口就来,是一位才华横溢的中年书法家。他的书法,除了给人以端庄飘逸、俊美潇洒之美感以外,字里行间还透着一股浩然正气,作品在风格上大气磅礴、豪放雄浑,极有厚重感。他的作品内容丰富,涉猎广泛,古往今来,天文地理,全在笔下,极具欣赏性和知识性。

田伯平先生不仅作品好,人品在书法界也很受赞扬。他认为:中国书法要求书法家在进行艺术创作的同时,更要十分注重道德风范。要写好字,更要做好人。他用自己的实际行动来感知社会、感知大众。1989年,为唤起人们的爱心,救助贫困山区的失学儿童,他在中国美术馆举办了首次个人书法展览。展后,他把全部作品捐献给宋庆龄基金会,为表彰他的义举,政府部门为他颁发了由邓小平、康克清签名的荣誉证书。

田伯平书写的2011个姿态迥异、形态缤纷茶字,代表了他对吴裕泰公司2011年中国茶事兴旺的祝福和期待。从田伯平各种不同的字体中,品味到各种不同的茶性:清新俊秀的楷书犹如一杯淡雅的绿茶、古朴厚重的隶书恰似一口浓浓的普洱、婉约平稳的宋体则像一壶清香的花茶、遒劲刚毅的魏碑堪比那刚烈的大红袍、率性奔放的行书映射出铁观音的卓尔不群、富贵收敛的瘦金体好似平和的白茶……不同人都能从田伯平书写的不同字体中品味到不同的茶香,从而共同体会到茶的文化底蕴,感悟茶的玄妙禅机。

在展品中,田伯平手书的六尺六条屏7804字的《茶经》堪称精品。这件作品一气呵成,珠玑玉润,方寸之中、顾盼生情,俯仰之间、错落生险,令人赏心悦目,荡气回肠,美不胜收。作品中上百个茶字有着不同的体态和美感,让人想起昔日王羲之在《兰亭集序》二十个不同"之"字的佳话。不过田伯平这幅作品中的"茶"字的数量可是远远超过了古人。田伯平说,《茶经》是中国乃至世界现存最早、最完整、最全面介绍茶的第一部专著,它将普通茶事升格为一种美妙的文化艺能。它是中国古代专门论述茶叶的一类重要著作,推动了中国茶文化的发展,这次写吴裕泰公司茶盛事上又怎能少得了它的身影?

最令人赞叹不已的还要数田伯平自己创作的《贯口说茶》。中国的茶有多少种? 恐怕很少有人能说得出来。田伯平借相声界中常用的表现形式"贯口"一气呵成的把中国各种各样的茶数了个清楚。这不仅考验了田伯平的书法，也是对茶文化的一个总结，更是对百年老店吴裕泰所走过的历史的真实写照，彰显了田伯平深厚的才学智慧。

中国写茶第一人田伯平展品中有大量作品是书写从魏晋至唐宋明清文人墨客的茶诗。李白的"茗生此中石，玉泉流不歇"荡气回肠，如饮普洱；杜牧的"今日鬓丝禅榻畔，茶烟轻扬落花风"温婉轻灵，似品绿茶；苏轼的茶回文诗"红培浅瓯新火活，龙团小碾斗晴窗"雅致淡然，宛如小酌花茶。数不清的好诗佳作与不同风情的茶香茶性相映生辉。在中国浩如烟海的诗歌海洋中撷取不同时期、不同诗人的茶诗，把茶、书法、历代茶诗结合在一起，为田伯平写吴裕泰茶书法展赋予了悠远的历史文化纵深感，让今人和古人一起共同感受茶文化的博大精深。

著名相声演员常宝华在吴裕泰观赏书画展

廿二、绿野寄情 茶山言志

饮茶已经成为越来越多人的生活方式，人们爱茶、品茶，渴望到吴裕泰公司茶产地亲身感受万亩茶海的震撼，亲自探寻茶树的神秘传说，而真正有机会亲临茶产地的人却少之又少。一本崭新的2013年吴裕泰好茶挂历刚刚出炉，孙丹威指着挂历上一幅幅山水画如数家珍。翻开挂历，会看见每个月吴裕泰公司推出的新茶以及茶知识，最令人惊喜的是，女性山水画家赵乃璐独创的名茶山风貌，神奇的笔墨，灵变的意韵，散发着文人气息。赵乃璐历时十年，行程十万里，遍访中国名茶产地，

著名茶山画家赵乃璐指导孩子绘画

她画茶山，不仅仅局限于茶山，而是将当地茶山的自然风光、茶农的生活点滴融入每一张画中。

山水画是一门奇妙深奥的学问，为了画好茶山，赵乃璐从不敢懈怠，一直在默默

地耕耘和探索,"茶山得意丹青妙"便是她经过几十年的艺术历程与创作实践所深刻领悟到的山水画妙谛。山水画不是在画山水的表面形态,而是在画丰富的生命内涵,在画心灵的闪光智慧。她画的茶山不仅局限于茶山当地秀美自然的风景、人们日常生活的点滴成为了她的素材,她说:"一方水土养育一方茶,亲临这么多茶产地,我深刻感受到茶与当地的风土人情有着不可分割的联系。"赵乃璐还说:"画茶山我可以学到好多东西,在写生过程中,我看到了勤劳的茶农天不亮就到茶山采摘茶叶,夜幕降临才收工,一天艰辛的劳动只能采到几斤茶叶,但他们的脸上充满了收获的喜悦,他们的欢声笑语中承载着对美好生活的期盼,他们的默默奉献一直让我深受感动。"

在中国当代画家里,以传统笔墨精华追求现实生活者,能获得成功的很少,能达到雅俗共赏的则更少。赵乃璐以其深厚的功力,渊博的才识,非凡的创造力,开创了当代山水画独树一帜的艺术风貌,登上了山水画艺术的又一巅峰。看赵乃璐的山水画,常给人一种清新隽永、古拙奇峭的感觉。她的画,自有一种超凡脱俗的审美情趣,自有一种郁勃之气回荡其间,散发着行云流水般的意气,无论近看远观,均有一番别具一格且引人入胜的景象。尤其是她独创的吴裕泰挂历——名茶名山风貌,让人看了十分震撼,仿佛游荡在美丽的茶山之中。

少年靠灵性,中年靠悟性。赵乃璐从小就喜欢画画,买不起纸,她就在地上画山水,用过的作业本翻过来在背面练习写生,连环画、风景画册等都成为她临摹的素材。但那时只是感知上的认识,靠的是早年的一股灵气和勤奋。赵乃璐说自己是一个"没什么天赋的人",是孙丹威一生做茶的故事感动了她,伴着她一路走到今天。正可谓"修德悟德鉴古今,画尽茶山见精神。画中无意常击节,天地酬和只在勤"。

一个成功的山水画家在解决笔墨的基础上,还要得其美妙的意境才能画出高妙的作品。赵乃璐遍访全国各地名茶产地,有时一住就是一个月,深入感受当地人文风情,与茶农一起种茶采茶。她画的茶山不仅局限于茶山,当地秀美自然的风景、人们日常生活的点滴都成为了她的素材,她笔下的太湖风雨、黄山云海、龙井茶园抑或是荒山一脉,都不是简单进行表象处理,而是融汇了真挚的情感。她画六安瓜片茶山,一派凄楚迷茫,抒发的是心底郁积之痛楚;画黄山之姿,多表达大自然的鬼斧神工,曼妙多姿;画太湖美景,寥寥数笔,已浓缩江南春色,道出人生缥缈,超脱自然;画杭州西湖,氤氲朦胧,尽展龙井茶含而不露的气韵。她画的茶山多来自写生,却别有洞天,在一幅作品中表现出了画家赵乃璐的综合掌控能力。

赵乃璐把传统文人画"天然去雕饰"视为创作的最高准则,但这种天然去雕饰绝非一般的笔墨游戏,而以高超扎实的笔墨技艺为根基,以胸有丘壑的博大情怀为视界,以对艺术的执着追求为基点。她的画从茶山生活中来,但又不仅是自然生活中的形象,而是一种对山水画的概括与提炼,她的画没有渲染的成分,却处处充满着勃勃生机,让人感到名茶名山的清新、隽永、灵动。她的山水画处于传统山水画向现代山水画迈进中,富有强烈时代感,实现了山水艺术境界的新的升华。她的画无论从何种角度审视,都具有相当高的审美价值。

赵乃璐是当代富有创造力的山水画家。她从事工美事业几十年,为她后来的专业山水画创作铺设了一条具有明确方向的道路。她走过的艺术道路就是参透古法,外师造化,内启灵秀,从传统出新,从写实到写意,宁失之于细致严谨,不失之于粗糙简浅。中国书画历来就有书如其人,画如其人之说,在赵乃璐这里就是一个很好的印证。与赵乃璐在一起谈天说地品名茶喝咖啡,她的悠然从容让人舒适,品工艺论美术,说器具看书画,其多年的艺术修养透出其尽心力而非功利,宁静致远之心性高雅,务实而超然,恬淡而犀利,积极进取而淡泊名利,使其形成了平实、稳健、踏实、细致的画风,别人想一笔带过的细节,她非要用十笔百笔来细描才肯罢手。你看她画的那些茶树,枝叶根条,有的几乎成了工笔,真实感跃然纸上,好像就是一棵小茶树,一把小茶拔,一盒干茶叶的直接写照。

为了吴裕泰的文化创新,孙丹威可以说是用尽了心思。在她的主持下,全公司从上到下员工不分老小,在各自的社交圈子里形成了一个尊重文化、尊重文化人的氛围。借助王府井旗舰店优雅的品茶间,孙丹威把职工们通过各种渠道结交的文化艺术界朋友请来品茶,建立起一个大的经营文化圈。俗话说"不托人能够见皇上",就是在这种有心、有意的经营创造之中,赵乃璐踏入了吴裕泰茶庄。当她亲眼见到全国著名的企业家孙丹威亲自在茶庄站柜台卖茶叶,并把她当作座上宾,送上新茶热水,让她品尝吴裕泰独有的新茶品时,赵乃璐被孙丹威的真诚打动了,她暗下决心,要用自己的画笔为吴裕泰描绘出他们典型的茶山,茶叶产地,为这样一个蒸蒸日上的富有创造力的企业增添一笔创业开拓的美丽形色。同为女性,又接近同龄,同代人有着天然的共同语言,同样,作为女性画家,赵乃璐与孙丹威有着自然的沟通能力。赵乃璐有感于孙丹威创业的艰苦奋斗历程,于是自费乘车奔波考察,沿着孙丹威走过的十大名茶,十几座茶山,重走孙丹威和吴裕泰茶业团队创业走过的千里路程,百重山水,住在茶农家里,吃着粗茶淡饭,坐在山顶写生速写时都不下山吃饭,背包里的馒头和面包就是一顿饭食,画下了成百幅草稿,也记录下了茶山上的灵感。

走遍吴裕泰茶山基地,画家赵乃璐感到内心的震撼,本来是带着一颗画家之心,以求有所为有所创造,能创造出几幅佳作的心情而来,而真正走过、住过几座茶山之后,她却早已忘记是带着什么任务而来,完全地融入到茶山那美丽的世界之中,完全成了茶山之子,成为美丽的大自然之子。身心皆忘,无外无我。正所谓"当时只记入山深,青溪几度到云林,春来遍是桃花水,不辨仙源何处寻"。天人合一之中,真正画出了几幅好作品。赵乃璐笔下的清溪流淌,清涓可人,山野寄情,茶园言志,正与吴裕泰的巧妙经营,创造中国茶业相辉映,一个在经济领域,一个在绘画艺术,相映生辉,互补互耀,珠联璧合。把中国书画引入吴裕泰公司的战略,实现了一加一大于二的功效,各方共生共赢,共同前进,为中国的茶文化增色添光。这种开发与升华值得在中国茶叶界和文化界留下浓重的一笔记忆。

古有"琴棋书画诗曲茶",茶与艺术本就有着相融相通的联系。赵乃璐是个爱茶之人,她会在闲来之时沏一壶茶,读一本书。她热爱生活,从未停止对美的追求,她的画并不止于单纯的赏心悦目,而是借由作品达到与观赏者间心灵的对话。赵乃璐说:"画名茶名山是我的爱好,也是我一生的追求,在写生过程中,茶山的美丽一直陪伴着我。茶多生长在高山寒谷之中,凝结天地之精华,味苦而性寒,正是这种寒苦艰辛,才令茶色滋味先苦而后甘。没有一个苦字,耐不得一个寒字,我不可能创作出精美的作品。中国有着悠久的历史文化,茶山这份遗产是属于每一位中国人的财富,我愿意为弘扬名茶名山艺术和茶文化而贡献自己的绵薄之力。"

山水画是中国人情思中最为厚重的沉淀。学习山水画不仅要求创作者有深厚的绘画功底,同时其对哲学、艺术、自然的理解和领悟以及个人修养也都会体现于作品之中。作为一位女性山水画家,赵乃璐的作品风格细腻,表现唯美,同时笔触坚定。看她画的茶山,犹如见其人,柔中带刚,坚毅与温婉完美融合。她画的茶山表现角度独特,路径别出,拓宽了中国山水画的表现意境,对国画的各种表现也做出了有益的探索,体现出独特的审美取向。赵乃璐通过画笔让更多的人感受到茶山的磅礴大气与细致灵动。她将情感的力量于笔墨之中迸发,忘情于方寸宣纸之上跃然起舞,将艺术创作与观众感受紧密结合,让人有身临其境之感。茶山至美的风貌、当地人文历史都淋漓尽致地展现在她的笔下,使无数爱茶却不能亲赴茶山的人一解夙愿。很多人会觉得,赵乃璐已经将名茶名山画尽,未来恐怕再无创新,对此她报以一笑:"多年来,每次探访茶山我都如初次般新奇与激动,茶山是自然的馈赠;风霜雨露都在对其细心雕琢,而我要做的就是一个真实的记录者。"

经过127年的磨砺,吴裕泰公司却依然宝刀不老,其背后有很多积极的进步因素,而文化创新是其中一个重要因素。吴裕泰的当家人心里装着茶文化这部时时不忘的经典,能够注意到赵乃璐的作品,除了孙丹威实地考察感受之外,更多的是一种共鸣,这种共鸣使吴裕泰的消费者不但能在飞雪的早春喝到祖国南端的碧绿新芽,而且能在画家的丹青笔墨中看到另一种载体对祖国河山的描绘。这种描绘正可以与早春鲜茶嫩绿形成对照,两者相得益彰,珠联璧合。

著名茶山画家赵乃璐在吴裕泰教孩子画画

廿三、继往开来 民俗存拓

2009年1月5日，我国著名画家李滨声老先生在王府井吴裕泰茶庄举办百年吴裕泰老北京民俗画展，这不仅是一次绘画作品的展出，更是一次生动别致的老北京民俗展览。北京吴裕泰茶业股份有限公司总经理孙丹威说，按照内容分类，李滨声老

著名漫画家李滨声在吴裕泰和孙丹威探讨艺术

师的画作共有四大部分：老北京生活、儿童题材、京戏、百年老字号吴裕泰的茶文化。

"开门七件事，柴米油盐酱醋茶"，中国人从古就有喝茶的习惯，茶在老北京的生活中，始终作为一项重要内容，雅俗共赏地融入人们日常的生活之中。鲜嫩的绿茶，淡淡的茉莉花香，时间就在绕梁的茶香中，伴着鼓书、京韵悠悠流过，这是老北京的品茶生活。而几乎所有京味文化的内容都映射在饮茶生活和茶馆文化中。茶，已经超越生活，成为老北京的一种精神符号。李滨声老先生说，北京的茶馆，是天子脚下的北京人生活习惯与思维方式的反映。在全中国，似乎没有谁比北京人更幽默、更健谈、更贪玩、更闲散以及更关心时政了，所以北京人泡茶馆时的话题，应该算最丰富且有趣的了。

重现昔日吴裕泰茶庄，通过李滨声老先生展出的一部分以茶馆为题材的民俗画，人们可以在脑海中浮现出昔日吴裕泰茶庄生意兴隆、顾客盈门的情景以及吴裕

泰茶庄在老北京民俗文化中举足轻重的地位。老北京人还有喝早茶的习惯。茶有很多别名和雅号,茶壶盖上或者茶碗上有"可以清心也",这是环诗,怎么念都成句:可以清心也,清心也可以……

民俗画展不是简单的怀旧,而是温故知新。在旧北京,小到生活习惯,大到社会的交往,很多东西是可以重新认识的。在王府井吴裕泰茶庄,有一幅画中,老北京每家孩子早上都要自扫门前垃圾。老北京的修鞋匠都有个特点,配有小笤帚头,修完了自己要收拾干净。凡是鞋匠都有钉锤、钉拐和小笤帚头,把地扫干净了,不能污染环境,没人要求,都是自觉的。街上剃头的都有一个笸箩,让被剃头人拿着,放在大腿上,包括"推头愣",推下来的头发茬子都掉在笸箩里头,很少会掉在外头。北京胡同经常有推小车卖切糕的,切糕很黏,扔哪儿都不好清理,就用竹签,一根竹签劈两半,掰开然后一插,多大块都能插起来。凡是卖瓜的都带着盆,用来吐子、扔皮,打烊前都要找地方倒掉。

李滨声老师回忆说,过去在城市里,除了重点地段像六部口、西单有广告牌,其他地方禁止张贴小广告。扔在地下的传单小广告,由背着"敬惜字纸"口袋的人捡起来,这不是硬性的,没人组织,都是自觉维护街道的卫生。李滨声老师简简单单的一张画就把老北京人的环保意识体现出来了。这次展出的作品每张都充满了幽默的味道。从社会学的角度看,漫画或许是最难画的画种了。漫画的本质是幽默,基本技法是夸张和变形。

在百年吴裕泰王府井店举办的老北京民俗画展中不难发现,随着时代的变迁,社会的发展,老北京的很多生活场景渐渐淹没了。但这些景象在著名画家李滨声的老北京民俗画中,再次复活了。

《居家早茶》《诸品名茶》《试看沏茶》《民谚语茶》《茶栈煎茶》《双窨花茶》《清心圣茶》《隔杯观茶》《赏戏饮茶》,这几个与喝茶、品茶、饮茶相关的场景不是发生在哪家茶馆中的一幕,而是在王府井大街老字号吴裕泰里开办的李滨声老先生《老北京民俗画展》上其中几幅画作的主题。这个再现老北京过去生活场景的画展,展示了老北京生活、儿童题材、京戏、茶文化等近百幅作品,让您在老字号里买茶品茶之时顺道看看画。

早在20多岁时就成了著名漫画家,李滨声老人已经画了半个多世纪。新中国刚成立时,李滨声就参加了天安门城楼毛主席画像的工作。1952年亚洲太平洋地区和平会议在北京举行,他受命在劳动人民文化宫里的广场上创作巨型雕塑《和平鸽》。如今88岁的他,身板挺直,头脑清晰,还是那样忙碌:为著名评书艺术家连丽如出版的评书《三国演义》画了书里的100幅插图;为即将播出的著名导演林汝为编剧执导的42集电视连续剧《采桑子》担任历史文化民俗顾问等。当年连战夫妇等人访问大陆,北京方面向连战赠送的礼物包括两个景泰蓝盖碗,上面就有李滨声手绘的《五音联弹》和《巧耍花坛》的表演场景。李滨声说:"这对印着传统节目《巧耍花坛》和《五音联弹》图案的景德镇盖碗,盖碗上还写有'茶戏人生',意思就是茶和戏相结合,京味文化和茶文化相结合。把景泰蓝盖碗这个礼物送给远道而来的连战,非常有意义。高兴的是,我亲手绘制了盖碗上面的图案。"

老人一生节俭,倡导绿色生活,每天喝着吴裕泰花茶,一生画了近万幅作品。没有幽默,或不懂幽默的人,成不了漫画家。这次在王府井吴裕泰茶庄展出的作品,更是充满了幽默。对这次在王府井吴裕泰茶庄开画展,李滨声老师有自己想法:"我画的是民俗的画,有区别于文人画。文人画主要是抒发自己的感情,给自己看,给朋友看,给少数人欣赏。而民俗画是面向大众,吴裕泰是北京很有名气的百年老字号茶庄,每天来品茶来买茶的人总络绎不绝,在买茶喝茶之余,顺便就可以看画,这无形中就扩大了观看者的人群,相对比于展览馆的一般七天的展览不会少,甚至会多了。现在人们工作压力也比较大,要去看一个展览得占用半天的时间,把画展放到王府井的茶庄,不但不会占用您时间,还不用掏钱买高昂的门票。一个展览怎么叫有意义,怎么叫成功,就是看完了能给观众留下印象,甚至把印象传播给其他人,这已经是达到目的了。我这次的画展是注重知识性，传达些知识，带点趣味性。艺术性呢，这方面是我的弱项，这里的笔墨是很少的，基本是速写，漫画的画法，因为我的长项是画京戏，我是演戏的，画戏一个是舍性取神，没有看过京剧的就联想不起来真正的京剧是什么样子，看过戏的就让他会想起舞台的一些印象，看过戏能引发起他再想去看戏的这个目的，我想达到的是这个目的。"

伴随着悠扬的琴声，少年宫的孩子们在吴裕泰茶艺师的教导下，认真学习着花茶茶艺表演，一招一式有模有样。李滨声老师一时兴起，提起笔，几分钟，一幅传神的漫画呈现在了观众面前。孩子们为李老奉上一杯香茗，伴着悠悠茶香，李滨声老师说："我喜欢饮茶，从祖辈儿上就喝茶，就好这京韵京香的茉莉花茶，平日里茉莉花茶更不离手。有人说北方水硬，水质远不如南方，非用花香增添水的甘甜，喝起来才能爽口，所以茉莉花茶、玫瑰花茶、桂花茶等窨制拼配之茶方才诞生，此说法不无道理。但我却思忖花茶如此受宠、市场如此广阔，绝非只因水硬，其中必有花茶的独到之处，吴裕泰的茉莉花茶以香气鲜灵持久、滋味醇厚回甘著称，被咱北京人亲切地称为'裕泰香'。"李老指指盖碗中的茶叶，说："您看，这是北京传统的小叶花茶，咱北京市场已经多年不见了。吴裕泰琢磨它独特的拼配窨制工艺，重新推出市场，让无数老北京人重温了记忆里小叶花茶独一无二的口感。"

李滨声熟悉老北京生活，用他自己的话说："我熟悉的程度，比我的实际年龄还要多那么十几年。"你在吴裕泰王府井店的画展上可以看出，李滨声小时候就对他身边的景物、人物、事物，有着十分好奇的关注和观察。这里既有他求知的欲望，更多的是他惊人的记忆力。以往的年月里，通过手中的画笔，将老北京的点滴生活描摹在宣纸上。

"一九二九不出手，三九四九冰上走"，这些在李滨声的画中都有体现——当年的护城河公交，是冬天特有的，冰床是没有轱辘的车。以前的老北京城墙没有拆，有护城河，围着城墙一圈都是水，冬天水结冰了，小孩就可以在上面滑冰，还可以用来运输。从德胜门到朝阳门一圈,可以坐冰车,也不用起票,给几个铜子就成,顾客坐在车上,车主在后面推,推几下他也上车来,靠滑行前进——李滨声一张五尺的画卷就把《九九岁寒图》淋漓尽致地表现出来了。创业历史可追溯到1887年(清光绪十三年)的吴裕泰,其"好茶为您,始终如一"的经营理念,与大漫画家李滨声的艺术理念不谋而合,因而促成了这次"二老"的携手,于是北京人年前有了眼福和口福。"一年一度花相似,岁岁年年人不同",在王府井的吴裕泰店欣赏李滨声的画作不仅是一种艺术享受,也是一次重温旧时光的旅行。如果阵阵的茶香还不足以使你的脑海中浮现出老北京的民俗文化,那么仔细品味李老的作品,定能使你感受到民俗文化精髓。

著名画家李滨声民俗画

廿四、一杯香茶 开启世博

上海世博会打开中国城市文明的新窗口,2010 年 2 月 11 日,孙丹威从上海世博局负责人手中接过特许生产商证书,千载难逢的好机会,从那一刻开始,吴裕泰公司就成为北京第一家,也是唯一一家茶叶类特许生产商和零售商,这无疑可以说是百年老店吴裕泰的一个新起点。

一个百年老字号的茶商,靠什么去吸引世博会的信任呢?孙丹威说:"成为特许生产商和零售商的审批过程非常严格和复杂,但我很高兴的是吴裕泰经受住了这样世界级的考验。"可不管怎么说,吴裕泰毕竟是

吴裕泰公司总经理孙丹威在茶山

北京的老茶号,世博会在上海开,何况全国有那么多茶商,又有那么多种的茶,吴裕泰凭什么能有过人之处呢?孙丹威介绍说,吴裕泰公司拿出的独家秘诀是其拥有国家级非物质文化遗产传承技艺制成的看家产品——典藏茉莉花茶。

在京城，老北京人都有爱喝花茶的习惯。大早上起来冲上一壶花茶，提神醒脑，令人神清气爽。吴裕泰的茉莉花茶采用"自采、自窨、自拼"的独门技艺反复窨制而成，好的花茶甚至要达到七次以上窨制，花香茶香相互交融，真正可以称得上是"花茶合一"。与绿茶、普洱茶等品种相比，花茶的独特清香帮助吴裕泰公司成功叩开了世博会的大门。

实际上"吴裕泰"这三个字并不是第一次和世博会这样的国际性盛会亲密接触。2008 年北京奥运会，吴裕泰公司就曾经在奥运会上"小试身手"，近距离接触了世界性体育盛会，很遗憾的是，这次奥运之旅"只闻茶香，不见茶名"。吴裕泰公司在北京奥运会时独家为奥组委提供了 150 万袋袋泡茶，同时，在奥运媒体村里运营了中国茶艺室。很多参加奥运会的运动员曾光顾过这个别出心裁的茶室，在品尝幽香淡雅的中国茶的同时，领略了一番中国的茶文化。不过，由于奥运会对于商业开发拥有严格的制度规定，可口可乐作为最高级别的饮料类赞助商拥有绝对的排他性，因此，同样作为饮料类的中国茶只能"忍气吞声"，吴裕泰这三个字也没能出现在任何与奥运有关的场合。

"我们小有遗憾，但绝不后悔。"对于那次奥运会的经历，孙丹威这样评价。因为吴裕泰在那之后，就一直在继续等待下一个登上世界舞台的机会。终于，世博会的机会来了，用他们的话说就是，"世博会让人们有了一个在上海看世界的机会，吴裕泰公司要做到的是让所有参观的朋友们在世博会上看到中国茶之至纯至真，中国茶人之至真至诚，中国茶文化之至深至远。"一般来说，百年历史以上的老字号骨子里流的都是传统的血脉，可为什么吴裕泰公司却"频频出招"，这么爱"凑热闹"呢？孙丹威笑着说："因为我们'茶香也怕巷子深'啊。"在她看来，吴裕泰虽然底蕴丰厚，但说到底只是一个地域性品牌，百多年来，也只在北京、天津等北方城市积累了一些认知度。面对越来越激烈的市场竞争，将吴裕泰以及其代表的花茶精髓文化推向全国，推向国际，已经成了一条必须要走的路。

成为特许生产商之后,吴裕泰又成为世博会特许零售商,这样吴裕泰就以生产商及零售商的双重身份正式开始世博会的征程。接下来的时间内,吴裕泰公司从产品研发、品控、市场推广、店铺营运、服务提升等诸多方面打造了世博特许生产及零售商的茶业新形象。针对世博会设计一款名为'裕泰香'的主打品牌花茶,而且,请来了亚洲顶级的包装设计公司为我们设计具有颠覆性的新包装。上海世博会期间,吴裕泰公司开发的十余款特许产品博得了满堂喝彩,独家运营的"中国茶坊"更是在世博园大舞台奉献了整整184天的茶香盛宴。吴裕泰继北京奥运会之后,通过上海世博会再次让全世界7000万参观者进一步认识吴裕泰,也进一步提升了吴裕泰走出北京、走出中国、走向世界的基础。吴裕泰总经理孙丹威说:"海派文化的包容和多样性给我们带来了信心和机遇也让我们面临更多挑战,我们用了相当长的一段时间对当地市场进行考察。上海与北京是中国的两大核心城市,但城市氛围和消费习惯却存在明显差异。因此,吴裕泰公司重新审视了自身的优劣势,为当地消费者和世博期间来自世界各地的客人度身打造出更适合、更有吸引力、更有品位的世博茶。"

　　走出北京的胡同,登上世博会的舞台。黄浦江边上的世界盛会,也让皇城根下的老字号再焕发出新的活力。2013年4月,拥有126年历史的北京茶叶品牌吴裕泰上海旗舰店"裕泰东方"正式亮相浦东"世博源"商业区。经过三年的精心筹备,吴裕泰重新回到上海世博会园区,继续中国茶在世界舞台上的华丽演出。吴裕泰"裕泰东方"全新商业模式的首家体验店,依托上海浦东地区飞速发展的市场契机,定位高品质时尚人群,打造全新茶生活体验。茶荟馆汇聚世界一流好茶,时尚健康的产品和体验式服务,营造出自得其乐的文化氛围,为消费者带来了别样的茶香感受。孙丹威说:"裕泰东方设计理念可以总结为三个创新,第一个创新是茶饮体验,在这里大家可以品尝到全世界不同的茶饮,包括世界三大高香红茶,日本传统抹茶,时尚的水果茶,中国极品名茶,可谓谈笑一屋之中,尽品世界风尚;第二个创新就是丰富的茶食品,茶冰激凌、佐茶甜点应有尽有;第三个创新是我们通过茶道、茶园小景等创意概念,再加上室内无处不在的手绘茉莉花墙,步步有美景,处处闻茶香,将中国茶文化的意趣与茶生活的风尚高度结合,营造极具品位的休闲氛围。"

随着上海"裕泰东方"茶荟馆正式投入运营,吴裕泰公司也宣告启动在国内一线城市继续新模式体验店的拓展和建设,为这一"中华老字号"品牌塑造时尚气质,带领中国茶文化走向崭新的高度。吴裕泰公司作为北京唯一一家获得上海世博会特许生产商和零售商的老字号茶叶企业来到上海,将传承百年的茉莉花茶窨制技艺和各地精选名优好茶展示在世界面前。经过反复的调研与论证,"裕泰东方"成为吴裕泰上海地区主打产品和商业模式的符号,"裕泰东方"将百年的制茶技艺推向世界,诠释茶的空间与质感,呈现东方茶韵百年的蜕变之美——质朴、天然、健康、品味。为此吴裕泰公司聘请专业的设计策划团队为新产品、新店铺进行设计规划,商品涵盖专属定制的私房茶系列,适合年轻人的花果茶系列,当然更有吴裕泰最具代表性的典藏窨制花茶,缤纷多样的商品获得市场的热烈反响,更让人感受到扑面而来的时尚气息。三年过去,上海世博会所演绎的这本集世界智慧的"城市发展百科全书"正火热翻开后续篇章,开启一次永不落幕的"后世博之旅"。

作为吴裕泰的掌门人,孙丹威奔走于吴裕泰的台前幕后;作为一个老总,她纵观全局,运筹帷幄,把握着企业发展的命脉;身为一名普通员工,她亲力亲为,不遗余力。作为亲眼见证,亲身经历近些年中国茶叶市场风云变幻的当事人兼从业者,使命感责任感始终让她感到肩上不轻的分量。你问她中国的名茶山在哪里,她如数家珍,你问她中国的名胜古迹在哪里,她却很难说上来几个。她没有时间去游览,她的时间,她的事业,她的全部精力,只有一个字:茶。

白云奉献给茶山,阳光奉献给茶园,星光奉献给长夜。而孙丹威的团队,却把岁月和青春奉献给吴裕泰茶事业。时下,"中国梦"成为了全国人民五彩斑斓的梦,而

"梦想"这个词亦成为当前最流行最时髦的词汇。当问到孙丹威的梦想是什么,她不假思索地说:当然是吴裕泰公司的未来啊。不论在何时何地何种社会条件下,把吴裕泰的茶叶事业做精做强,传承、振兴传统花茶是我们最大的梦想。也正源于此,吴裕泰的全体员工夜以继日,为"追茶梦"而操劳。

吴裕泰上海世博会的中国茶坊工作人员合影

160

廿五、吴裕泰茶 走向世界

　　小时候人们的物质生活并不丰富，吃的喝的很简单，除了日常喝些白水，有点味的就属早点供应的豆浆了，所以特别盼着过夏天，因为夏天会限量供应些绿豆，大人就会在最热的几天熬绿豆汤供家人解暑，或是不知从哪儿弄的酸

世界著名主持人靳羽西与吴裕泰总经理孙丹威

梅熬成了酸梅汤，伴着暑假一块开心。有时身体不舒服家长给弄点糖水已经算再好不过的"甜水"了。因为那时我们不懂什么叫饮料，只知道父母最喜欢喝吴裕泰的茉莉花茶，他们忍痛花上几元钱，去吴裕泰购买茉莉花茶，珍宝似的泡了慢慢品尝，十分陶醉，看他们那样子，实在忍不住发馋，等父母不在茶缸边上，去偷喝一口，那味道对于孩子来说，过于清寡，带着些植物气味，也不懂那是茉莉花香，不懂香在哪儿。

　　突然有一天一种叫做"可乐"的饮料呈现在我们面前，怪怪的"药味"让我们觉得还有如此滋味的水，但就是这种怪味，让人慢慢接受并上了瘾，于是就像要把儿时缺的糖水补回来一样，开始不节制地喝，直到有一年夏季发现许多衣服都穿不进去，才知道衣带"渐宽"终不悔了。

　　随着时代的发展，物质生活越来越丰富，各种饮品琳琅满目，喝白水反而成了一件奇怪的事。我们也一直在饮品世界里找着属于自己的喜爱，茶，一直都没被列入喜爱的行列，直到有一天，陪着撰写稿件的年轻同事一起来到位于前门大街的吴裕

泰茶庄，回望前门楼子，儿时的许多记忆就像过电影，那种前门情思大碗茶的感觉才涌上心头，特别是当前门大街开街仪式时，站在星巴克咖啡店的二楼看着对面的吴裕泰茶庄，那种茶与咖啡对话的冲动再次燃起，并且，不仅仅是个人喝茶的问题，更想探究的是茶这种传统文化的走向。老字号，他们守护的究竟是什么？吴裕泰的发展史，很多讲述做茶的感受与坚守，如果说民以食为天，那么水则是生命之源。喝什么水、选择什么饮品最健康的话题开始进入百姓们的视野，寻寻觅觅，最终还是茶最好。茶叶中除了含有蛋白质、脂肪等，还有十多种维生素和茶多酚，不管什么年龄的人，都可以饮用。

自古以来，柴米油盐酱醋茶就是老百姓家里的开门七件事儿。一杯清茶不仅解决了人们生理上"渴"的需求，茶也以一种文化渗透到人们的生活中。然而，随着生活水平的提高以及茶行业的发展，诸多因素影响到茶叶的品质，由于茶行和资本投机商人的关系日益密切，行业发展也出现了某些不和谐景象，这些年来一些茶似乎变得越来越贵，到茶馆、茶社里喝茶也成了一种"不太平常"的消费。一些人不禁发问，喝茶这件事儿咋就远离了我们的生活呢？其实，这说的只是个别现象。人们感叹喝不起的茶只是一些高端茶叶，以明前名优绿茶为代表，因为资源稀缺和人为的囤积盲目宣传等，加上明前采摘具备的一些优点，所以卖价逐年提高。不过，吴裕泰公司没有在这种"偏门"上下大功夫，而是始终把茶叶的关注点放在大众消费上，吴裕泰公司总经理孙丹威乐此不疲，年复一年的春天就这样在日复一日的寻找茶中度过，他们坚守着大众茶叶的阵地，使喝茶这件事儿并没有在老百姓的生活中渐行渐远。

20多年来，北京城里流行的茶叶变了又变，来买茶的人变了又变，甚至连吴裕泰的门店形象都已经变了好几回，但不变的是每次走进吴裕泰店中，总能闻到百年不变的茶香，品到永远不变的好茶。在这料峭的春寒之中，捧起一杯吴裕泰的春茶，仿佛能感受到阳光沐浴在身上的感觉，温暖而明亮。认识孙丹威的人都知道她是一个"信息潮人"，当年最早在业内引进信息管理系统就充分展示了她对信息技术的敏感度和前瞻性,如今她更是紧随时代潮流,不仅依靠手机电脑获取着最新的资讯,更是利用信息技术手段不断完善吴裕泰公司的管理体系,宣传吴裕泰的产品和文化。

说起开通吴裕泰公司官方微博的起源,还要追溯到两年前,2011年的3月26日,一则关于明前茶上市的消息让孙丹威一怔。原来连续数日的早春的寒冷天气让明前茶采摘的时间推迟,狮峰山的龙井茶也只是刚到采摘的时候,而此时却已经有了上市的明前茶。根据孙丹威的多年经验和对茶叶生长特性的熟知,她觉得在这种天气里硬性采摘上市,或许并不是什么好事。"吴裕泰公司重的是品质,我们一定会对消费者负责。"孙丹威亲自去到产地"督战",用手机拍摄下整个采茶和制茶的过程,并在第一时间发布在自己的微博上,3月27日,孙丹威又在微博上发布了茶叶质检的过程。"在微博的记录下,整个过程很透明,消费者会看得明明白白。"她说。这样一个经历让孙丹威萌生了建立"吴裕泰中国"官方微博的念头,"通过官方平台与消费者分享茶的知识更加直接、便捷、有效,更重要的是微博可以实现和粉丝的直接交流和沟通,来自消费者的疑问、建议、意见都能第一时间反映出来,这种品牌与顾客之间的对话和交流无疑是高效并且有事半功倍的价值。"在她的支持和推动之下,@吴裕泰中国很快积累了数万粉丝,大家亲切地称其为"老吴",在粉丝们心中,老吴不再仅仅是一个品牌符号,而更像一个身边懂茶的博士,为顾客普及茶叶知识,解答茶叶难题,每一个吴裕泰人都是"老吴",虽"老"却时髦新潮,专业却不刻板,幽默却不失稳重,粉丝们每天都能从老吴那儿发现好茶、品鉴好茶。

功崇惟志,业广惟勤。在营销方式上,开始使用了微博、接着是微信后至微电影。为了进军电商,孙丹威的团队们费了不少脑子。一方面,吴裕泰公司曾经想做茶叶类的综合性平台,但思考再三,最终决定只做产品品牌,并决定通过打造子品牌"裕泰东方"来作为过渡;另一方面,为了不与线下起冲突,吴裕泰公司在产品线、品牌、包装方式上尽量与线下区别开,且线上产品基本都是小包装,很少超过100克。有数据显示,2012年国内茶类电商B2C市场交易规模约几亿元,占线下零售市场交

北京吴裕泰茶业股份有限公司董事长赵书新在茉莉花茶推介会上致辞

易规模的4%。虽然相比其他品类，几亿元的市场规模很小，但是对茶叶零售企业来说，这依然是一块值得开疆辟土的新战场。吴裕泰在这新战场上摸索前进着，相信有朝一日将为消费者带来更丰富又购买便利的茶产品。

吴裕泰公司在全面的营销平台具备的情况下，每月都有一款新茶推出，使买茶的消费者选择的余地更大。特别是春季，推出的茶品种更是繁多而质优。春天温暖的气候，充沛的雨水和积蓄一整个冬天的精华，都令此时采摘的茶叶品质格外优秀，无论是应季上市的新绿茶，还是需要进一步加工制作的花茶、红茶、普洱茶，都离不开品质优异的春茶茶叶作为原料，因而春天对茶行业而言，是宝贵、忙碌、热闹的季节，产地忙着采摘制作，吴裕泰公司忙着将一批又一批春茶摆上柜台、电子营销平台，消费者则在充满着春茶香气的氛围里挑挑选选，做茶人，买茶人，一片喜悦，近年来，春茶销售在吴裕泰公司呈现出以大众消费为主体的消费格局。

随着科学技术、信息传播以及大众生活水平的日益提高，人们对自身健康日益重视，对饮茶保健的理念也越来越认同。2014年与往年相比的一个重要变化是，从消费群体来看,越来越多的年轻人加入饮茶的行列。茶叶的品牌化经营和茶叶消费群体的年轻化逐渐成为未来的发展趋势。以前,消费者在买茶上有一些不理性的现象,比如对明前茶、雨前茶的盲目追捧,如今消费者对于明前茶、雨前茶的消费也已逐渐回归理性。这些高档名优绿茶毕竟产量少,对于一般老百姓而言,没有必要去盲目追捧。过去,北京是花茶的主销区,有数据显示,花茶曾占北京茶叶市场销售量的90%。但随着各种茶叶加工技术的改变,以及运输、储藏等条件的完善、茶商的宣传运营,绿茶销售逐渐追赶上来。来自全国各地的绿茶纷纷抢占北京市场,比如浙江绿茶、云南绿茶、海南绿茶、四川宜宾绿茶、贵州绿茶等。这些茶开阔了北京人的视野,丰富了北京人的饮茶品种,使北京人喝全国茶,品全国茶成为现实,可以说北京人真是口福不浅。

为了引导消费者正确选择茶叶,健康喝茶,吴裕泰春茶节的各种活动可谓纷繁多样,比如2000年春茶节期间,吴裕泰质检部工作人员在王府井为来往消费者详细介绍关于茶叶鉴别的知识;2012年,吴裕泰协办京城茶友斗茶品鉴会,现场气氛热烈。好茶云集的春天就像个盛大的节日,吴裕泰公司的"春茶节"每年都会在四月启动,这期间除了百余种新茶纷纷亮相,还会举办一系列茶文化活动,倡导全民共品春茶,用孙丹威的话说,"春茶节"荟萃了各地春天的味道,有江浙的清新湿润,有徽州的平和洒脱,有蜀地的云山雾霭。她希望能够有更多的人品尝到各地好茶的美妙滋味,享受茶中的自在心情,和吴裕泰一起共品春天。

以往,北京的老茶客们习惯说"吴裕泰好茶百年如一",如今,非遗老字号吴裕泰不再单是那个倚老卖老的老花茶店。在总经理孙丹威的引领下,吴裕泰的花茶已经做成花样翻新的多样产品。吴裕泰让北京乃至世界看到的是一个常喝常新的大花茶品牌。吴裕泰公司坚持以中低端和老百姓能接受的茶叶为主,即使在茶叶市场追求奢华的年代,吴裕泰的高端茶也控制在10%以下。2014年,在茶叶整体销售受"三公"消费限制下滑20%的大环境下,吴裕泰公司的茶叶销售增长了12%,特别是吴裕泰的花茶,销售增长明显。其实花茶的制作工艺最为复杂,好的花茶会用上好的茶胚和花来制作,需要把茶胚由福建运到广西做窨花工艺,制作完成再运到北京进行拼配。在孙丹威看来,茶叶是完全竞争的行业,要让百姓了解茶叶,就要与消费者近距离交流沟通。吴裕泰的"移动茶站进社区"活动开展得有声有色,全国近400家店联动,以每个连锁店为单位,对周边三公里范围的社区、学校、企业进行覆盖,以特色活动、品饮展台为展示方式,在普及茶叶知识的过程中,将优质的茶叶免费提供市民品尝,让健康饮茶的理念更加深入、直接地融入到老百姓的生活中。这是吴裕泰公司体验营销服务的一种重要方式,通过这一活动向市民传递饮茶理念、茶与健康等知识,营造知茶、爱茶、饮茶的氛围。

2014年9月28日是北京老字号茶庄吴裕泰127岁生日,这家历久弥新的北京著名老字号将自己的生日庆典安排在了起源店北新桥老店附近的一处社区活动中心。一如既往的低调,不见明星大腕儿赶场儿,只有老茶友们汇聚一堂。吴裕泰掌门人孙丹威深入三代茶友中,亲如一家,共同庆祝老吴的华诞时刻。简单朴素的会场里,芬芳的茉莉花茶香气弥漫空中,营造出一种温馨的氛围。

在生日会上,从茶友手中征集来的茶文化老物件儿被一字排开。吴裕泰总经理茉莉花茶窨制技艺国家级非物质文化遗产传承人孙丹威则为到场茶友一一讲解各种门道,如数家珍。参加"鉴宝"的"茶物件"除了有2005年吴裕泰发行的手绘门店地图、2005年发行的首日封和邮票、历年发行的茶杯、笔筒、挂历和会员卡这些来自老吴家的"宝贝"之外,还有各式各样代表了北京茶市变迁发展的各式老物件,有宋代、清代、民国时期的茶具、茶叶罐,有非遗传承人亲手制作的一整套《毛猴大茶馆》作品,最引人注意的是一位参赛者带来的一整套民国年间的茶叶罐,其中包括当时北京各大字号的茶庄推出的茶叶罐,虽然已经锈迹斑斑,却依然能够看出那个年代北京茶叶市场的繁荣景象。

北京著名京味作家刘一达说:"看到这组宝贝,特别想告诉大家,家里的老物件哪怕是一个小纸片都别轻易扔，留下来、保存完整，数十年上百年后就是特别值得玩味的珍贵收藏品。"总经理孙丹威兴奋地说："这里面有当年吴裕泰十几家分号中'吴德泰'的一个茶叶罐，大家可以看出上面图案到现在看起来还是特别漂亮的，我们产品部门应该复制生产一份这个图案的产品重新展示一下吴裕泰当年的产品，我觉得特别有意义。"老茶客们用自己手中凝聚了京城茶市上百年故事的老器物带领所有现场共同回顾了京城茶业的兴盛、衰败与复兴。吴裕泰的127年是与北京茶客相互陪伴度过的127年，这么多年吴裕泰依然能够屹立不倒，正是因为有一代代爱茶之人的陪伴与支持。

吴裕泰公司除了用心做茶叶，不断创新，研制开发了可以搭配喝茶的各种小甜点，以满足消费者更多的需求，推出了：茶冰激凌、茶月饼、茶爽口香糖；抹茶蛋糕、抹茶奶酪、抹茶咖啡等，不但可以信手拈走，也可以细细品味。如今，吴裕泰公司又开发出茶日用品：茶纤维口罩、茶籽粉、茶袜子等。北京人喜欢吴裕泰，喜欢的就是它127年孕育出的这种特有的老北京文化与气度，正如那浓浓的百年不变的茉莉花香，确切地说那是吴裕泰与老北京所共有的茶韵，而对它衷心拥护的原因，也因为它不断创新的能力和值得令人期待的发展趋势。

2014年，吴裕泰公司为响应北京市政府和北京市商委的号召，希望借助APEC的平台，让更多的人知道吴裕泰。在距北京怀柔雁栖国际会都1.7公里的顶秀美泉小镇，著名百年老字号"吴裕泰"将自己第三家"裕泰东方"茶生活体验馆安在了这里。这家店与传统茶叶店不同，从桌椅摆放到装饰布置都特别像一座有着中国传统韵味的"茶叶吧"，与充满异国情调左邻右舍为邻，低调、内敛简约的店面反倒在洋气十足的街区中显得独树一帜。

2014年8月，孙丹威作为代表从APEC副高管夏敬革手中接过属于大会指定赞助商的荣誉证书，这意味着这一次有着127年历史的吴裕泰不但要为大会提供地道的"京味儿"国礼，更要通过这次盛会让与会政要全面立体地领略中国茶元素、见证北京特色。当然，这还需要一个平台。百年的积淀成就品质，好的品质带来一次次契机，而机会的纷至沓来激发了吴裕泰人不断探索的精神，茶香悠远，吴裕泰公司在国际化之路上继续前行。

走进吴裕泰第三家"裕泰东方"茶生活体验馆，一排高脚吧椅营造着了休闲氛围，青草绿色的墙纸，咖啡色的美式家具，造型别致的铁艺吊灯和壁灯，这样一方静谧舒适的空间是百年老字号吴裕泰的第三家茶生活体验馆。在APEC小镇众多高端餐饮休闲设施中，"裕泰东方"的招牌醒目却不张扬，简约时尚的风格独树一帜。"裕泰东方"是吴裕泰将传统与时尚相结合的升级品牌。区别于传统意义上古香古色的老北京茶馆，"裕泰东方"顶秀美泉店并不纠结于家具的式样、店面的装潢是否中式，而是反其道而行之，邀请宾客在充满美式情调咖啡馆的环境中品尝地道的京味儿花茶、品味自制的特色茶点，还有风靡年轻人群体的抹茶冰激凌……这些在茶行颇有些离经叛道的创意恰恰成为众多年轻人点赞的原因。

吴裕泰公司的顶秀美泉店地处接待APEC贵宾的主题休闲街当中，紧邻顶秀美泉假日酒店，距怀柔市区4.5公里；南依京加公路，西临红螺寺风景区，北依青龙峡和亚洲最大的高尔夫球场，交通便利，青山环抱，是市民往返京郊之间，小憩歇脚的好去处。对于有着127年历史的老字号来说，"老本儿"就是最大的资本，但吴裕泰恰恰最不喜欢吃老本儿。

提起吴裕泰的茉莉花茶，人们更会想到是老北京人喝茶的专利，但在吴裕泰看来，茶是传统的，有品位的，作为一种生活必需品也应是时髦的，有个性的。短短几年，吴裕泰便分别在北京和上海设了"裕泰东方"茶生活体验馆。如果说开遍全国的数百家传统的吴裕泰茶业连锁门店是中国文化和标准化管理的集中体现，那么"裕泰东方"茶生活体验馆则是吴裕泰骨子里时髦个性的展示窗口。三家"裕泰东方"各具特色，用上海和北京两地的不同文化视角来诠释吴裕泰公司对于现代茶生活的理解。"裕泰东方"作为这一百年老字号的时尚子品牌，更多承担了将中国茶时尚化、年轻化、国际化的责任，因此消费者在店内享受到的不仅是传统的中式原叶茶,而是更多样的裕泰私房菜、特色冰激凌、茶年轮蛋糕、奶冻,各色的时尚茶具茶品更是一应俱全。

为了参与这次亚太经合组织(APEC)领导人非正式会议,吴裕泰不仅开了店,还是唯一一家茶业老字号会议礼品赞助商。频频参与国际盛会,不是一时兴起更不是盲目投入,吴裕泰的世界茶之梦才刚刚起步。2014年APEC会议,吴裕泰公司成为大会首批九大赞助商之一,为高官会提供3500套国茶礼品:老北京四季茶。要知道北京的茶行竞争在全国都是数一数二的激烈,吴裕泰公司每次都能脱颖而出靠的是什么? 天时,地利,人和给了吴裕泰这样的机会,但吴裕泰"制之惟恐不精,采之惟恐不尽"的老传统成就的好品质才是吴裕泰走向世界的真正底气。

北京吴裕泰茶业股份有限公司董事长赵书新说,吴裕泰公司连锁经营已有17年的历史,这是吴裕泰高速发展的阶段。17年前,吴裕泰的员工只有几十人,如今包括加盟店员工在内,连锁店的员工总数超过两千人,这是一支正在不断壮大的连锁军团。17年拼搏取得的成绩为企业百年所不及。吴裕泰从传统体制到股份制改造,迈出了企业改革的关键一步;从单店经营到特许加盟连锁经营,完成了经营模式的蜕变;从开拓北京到走向全国,实现了品牌的区域化扩张;从单纯的店铺经营到网络销售,开创了渠道转型的崭新格局;从单一的茶叶品类到茶衍生品的开发,创造了具有未来潜力的产品线。商业模式才是制胜之道,经营理念才是竞争法宝,企业发展才是硬道理,凝心聚力才是事业根本,开拓创新才是前进动力。当前,中国茶叶市场波诡云谲,风起云涌,诸侯纷争,一派战国景象。吴裕泰公司身处其中,既要韬光养晦,冷静观察,修炼内功,又要审时度势,把握机遇,快速发展。茶业市场风光无限,前景广阔,谁抢占先机,谁领先一步,谁足智多谋,谁发展壮大,谁就可以在这个古老而又年轻的领域主宰沉浮,吴裕泰应该有这样的自信,这样的勇气,也应该有这样的魄力与能力。

后记

　　国人饮茶，已有数千年的历史。在这几千年的历史长河中，茶这株灵草从仙境飘落到了人间，由神圣的祭品转化为日常的饮料，从神农的解药走向了大众的杯茗，由贵族的享作物变作了百姓的"开门七件事"之一。漫长的历程中，茶叶用她的魅力征服了越来越多的人。从桃花春雨的江南到骏马奔驰的西北，从孤烟直的大漠到荒草离离的原野，从郁郁葱葱的茶山清水到美丽清爽的苍山洱海，吴裕泰人用自己的心呵护着这位茶叶仙子，使吴裕泰的全国连锁店风采各异。然而，源远流长的中国茶文化从神农时代算起，已有四五千年的悠悠岁月；从陆羽撰写世界上第一部茶书《茶经》算起，也有一千多年的漫长时光，依然历久弥新，生生不息。

　　茶树年年发芽，人们天天喝茶。每个人每次喝茶的过程有着相同的形式却又有着不同的内容，那就是岁月的记忆。一小片茶，我们感受到吴裕泰的茶叶馨香的同时，也要把伴随着馨香而来的那种温暖留在人们心里，当您再见到那片茶叶，再想起那杯茶，也许孙丹威的故事会感动得我们眼睛潮湿，也许我们的心会再次飞到过去。

　　茶有味，人有情。我们爱喝吴裕泰的茶，是因为我们更爱她曾经给我们的美好回忆，茶的回忆，人情的回忆——我和孙丹威相识于1994年2月，当时她负责吴裕泰的宣传工作。记得那天很冷，她骑着自行车，顶着凛冽的寒风，把一篇吴裕泰公司的宣传稿件送到北京人民广播电台，这是我和她的第一次见面，与她初次见面的第一印象深深地感动了我。就这样我们一直交往了20多年。20年岁月的甘苦，融进一杯茶水里,20年云雾的变幻,凝在一缕茶色里,吴裕泰茶的芬芳,留在北京人的舌尖上。

在茶的领域里,吴裕泰公司在意的是茶叶本身的价值,而价格只是市场上因交易目的所产生的数字。中国文化博大精深,向来讲究文以载道,而茶极大地在生活中滋养人们,早已形成一种生活之道。如今社会多元,天涯比邻,改革开放后的中国,对于国际影响愈趋重要。吴裕泰新注茶经内容涵盖了中国大多重要的茶产区及新茶品种。可以说吴裕泰团队是用尽了心思、费尽了力。他们以找好茶为核心,带出了与其相关的人、事、地、物,竭其所能地涵盖喝茶人的深度和广度。着手于人文的关怀,而又着眼于土地的关照,为读者们在对茶的基础认识上提供了一套既有美学价值又便于阅读的好茶书。

那么,中国茶文化不老的原因是什么? 它具有厚重的内涵:茶是平凡的物质存在,又是人们高尚的精神享受;茶是百姓的寻常必需,茶犹如穿越千古风霜的耆老,又如充满青春活力的少壮青年,具有流动的血脉,吴裕泰的茶事活动,是四面八方通畅的血管;做茶人的推波助澜,更是浪起潮涌的激流。吴裕泰的茶文化是说不尽的话题;这里,有新茶人的锐气! 青年画家赵乃璐跑遍中国名茶山,创作了近百幅以茶为题材的画,不仅有茶山名胜的自然风光,茶农的生活特写以及茶农制茶采茶点点滴滴的生活缩影;更有中国书法名家田伯平,书写了2011个姿态迥异、形态缤纷的茶字,从他的书法中体味到不同的茶香,从而共同体会到茶的文化底蕴,感悟茶的玄妙禅机。洋洋洒洒七千多字的《茶经》,方寸之中顾盼生情,错落跌宕,荡气回肠,美不胜收,表现出书法家对茶的挚爱。茶叶的发现、利用生产和提高,需要更多吴裕泰的人或几代人坚持不懈的努力和日积月累的劳作。只要不断有新的学人加入,茶文化就不仅是不老的,而且会始终充满活力!"常喜小中能见大,还须弦外有余音。"从一杯茶看世界,从一杯茶观人生,还是让我们从种茶、做茶、喝茶中听闻那弦外余音,馨外余香,体验那不尽之意吧!

就在本书结稿之际,笔者又欣喜地看到,吴裕泰又将广西梧州的茂圣六堡黑茶"寻"到店内,来自壮乡的黑茶魅力让北京人又多了一种口福。

在这里,我要特别感谢程国平老师给提供美好的故事,感谢吴裕泰公司赵连颇、黄莉、陈曦、高然等人的默默支持和鼓励,没有他们的帮助,就没有这么多美丽精彩的茶故事。

2014年12月30日 于望京

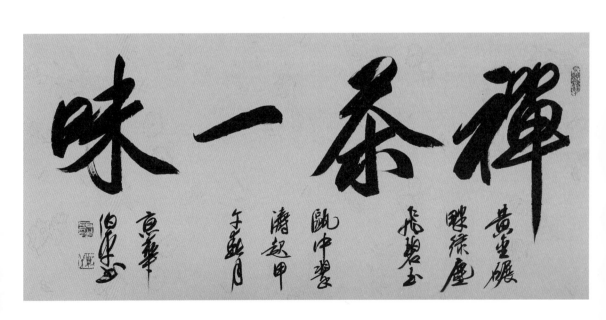

书中书法作品由北京市书法家协会秘书长田伯平创作